Umweltgeschichte Islands

Jörg Friedhelm Venzke · Karin Steinecke

Umweltgeschichte Islands

Jörg Friedhelm Venzke
Universität Bremen
Bremen, Deutschland

Karin Steinecke
Universität Bremen
Bremen, Deutschland

ISBN 978-3-662-71278-8   ISBN 978-3-662-71279-5 (eBook)
https://doi.org/10.1007/978-3-662-71279-5

Die Deutsche Nationalbibliothek verzeichnet diese Publikation in der Deutschen Nationalbibliografie; detaillierte bibliografische Daten sind im Internet über https://portal.dnb.de abrufbar.

© Der/die Herausgeber bzw. der/die Autor(en), exklusiv lizenziert an Springer-Verlag GmbH, DE, ein Teil von Springer Nature 2025

Das Werk einschließlich aller seiner Teile ist urheberrechtlich geschützt. Jede Verwertung, die nicht ausdrücklich vom Urheberrechtsgesetz zugelassen ist, bedarf der vorherigen Zustimmung des Verlags. Das gilt insbesondere für Vervielfältigungen, Bearbeitungen, Übersetzungen, Mikroverfilmungen und die Einspeicherung und Verarbeitung in elektronischen Systemen.
Die Wiedergabe von allgemein beschreibenden Bezeichnungen, Marken, Unternehmensnamen etc. in diesem Werk bedeutet nicht, dass diese frei durch jede Person benutzt werden dürfen. Die Berechtigung zur Benutzung unterliegt, auch ohne gesonderten Hinweis hierzu, den Regeln des Markenrechts. Die Rechte des/der jeweiligen Zeicheninhaber*in sind zu beachten.
Der Verlag, die Autor*innen und die Herausgeber*innen gehen davon aus, dass die Angaben und Informationen in diesem Werk zum Zeitpunkt der Veröffentlichung vollständig und korrekt sind. Weder der Verlag noch die Autor*innen oder die Herausgeber*innen übernehmen, ausdrücklich oder implizit, Gewähr für den Inhalt des Werkes, etwaige Fehler oder Äußerungen. Der Verlag bleibt im Hinblick auf geografische Zuordnungen und Gebietsbezeichnungen in veröffentlichten Karten und Institutionsadressen neutral.

Einbandfoto: Torfgehöft Glaumbær – Mit freundlicher Genehmigung © Hilke Steinecke

Planung/Lektorat: Simon Shah-Rohlfs
Springer Spektrum ist ein Imprint der eingetragenen Gesellschaft Springer-Verlag GmbH, DE und ist ein Teil von Springer Nature.
Die Anschrift der Gesellschaft ist: Heidelberger Platz 3, 14197 Berlin, Germany

Wenn Sie dieses Produkt entsorgen, geben Sie das Papier bitte zum Recycling.

Competing Interests Die Autor*innen haben keine für den Inhalt dieses Manuskripts relevanten Interessenkonflikte.

Die Menschen waren sich nicht einig, ob hier Gott oder der Teufel am Werk sei, oder ob es sich vielleicht sogar um deren Zusammenarbeit handle, als hätte der eine beschlossen, wegen der schlechten Lebensführung der Menschen die Segel der Gnade zu streichen und dem anderen so die Gelegenheit zu geben, sich nach Lust und Laune auszutoben.

Bergsveinn Birgisson (2020): Quell des Lebens

Hier in Island aber bewegte sich die Zeit nahezu tausend Jahre lang nicht, stand still wie ein Kunstwerk und veränderte sich auch den größten Teil des neunzehnten Jahrhunderts hindurch nicht, als lebten wir auf einem anderen Planeten. In Europa und Amerika wuchsen Fabriken und Städte, Züge fuhren immer schneller, Pistolen wurden immer treffsicherer, aber hier wurden nicht einmal die Vögel scheu, wir liefen weiterhin in ungeeigneten Schuhen mit permanent nassen Füßen herum, patschten weiterhin in dieselben dunklen Schafställe und niedrigen Kuhställe und mähten bucklige Wiesen nach tausendjähriger Gewohnheit. Der Stillstand verband Generationen und Jahrhunderte in ungebrochener Kontinuität miteinander, während draußen in der Welt alles auseinanderdriftete und es so gut wie keinen anderen Mittelpunkt mehr gab als die Unsicherheit, die die Welt bald zweihundert Jahre lang vorantrieb. Hier, in unserer unruhigen, sich dynamisch stets verändernden Natur, verband uns zu allen Zeiten die Stagnation.

Jón Kalmar Stefánsson (2022): Dein Fortsein ist Finsternis

Prolog

Island – diese weit entfernt von seinen Nachbarn im Nordatlantik gelegene, gut 100.000 Quadratkilometer große Vulkaninsel mit subarktischem Milieu und geringer Bevölkerungszahl und -dichte – kommt manchem als Inbegriff von ursprünglicher, unberührter Natur vor und scheint Freiheit und Selbstfindung zu versprechen.

Und in der Tat hat es hier „jungfräuliche" Natur im Sinne von nicht vom Menschen beeinflussten landschaftlichen und marinen Ökosystemen noch bis ins 9. nachchristliche Jahrhundert gegeben. Damit ist Island eines der am spätesten vom Menschen besiedelten und geprägten Gebiete der Erde.[1]

In den allermeisten Regionen der Erde erfolgte die Auseinandersetzung des Menschen mit Raum und Natur und die Nutzung der für ihn wichtigen Ressourcen bereits im Pleistozän, spätestens im Holozän. Somit wirkt er seit vielen tausend Jahren mit zunehmend intensiverer Einwirkung auf die natürlichen Strukturen und Prozesse unseres Planeten.

Auf Island ist das anders. Die Interaktion von Mensch, Natur und Umwelt findet hier erst seit gut elfhundert Jahren statt; die isländischen Kulturlandschaften sind im Verhältnis zu Kontinentaleuropa und weltweit jung. Hier können wie in einem Labor der humanökologischen Forschung mit Dokumenten und Datierungen entsprechende Studien betrieben werden, es kann beobachtet und analysiert werden, nicht zuletzt auf der einzigartigen Basis der hervorragenden Datenlage aus archäologischen, historischen und naturwissenschaftlichen Befunden.[2] Gleichzeitig ist der Kontakt zwischen Mensch und Natur auf Island ein ganz besonders enger – bis in die heutige Zeit. Folgt man Kristof Magnussons *Gebrauchsanweisung für Island*,[3] so müsste Island eigentlich ein „Land der gelebten

---

[1] Lediglich die Antarktis, Inseln im Pazifik (inklusive Neuseeland), Südindik und Südatlantik sowie Spitzbergen und russische Inseln in der Arktis sind erst später mit Menschen in Kontakt gekommen.

[2] Es geht also um die Betrachtung von „Landschaft" – Lebensraum für Menschen – in geographischer, historischer und kultureller Dimension im Sinne von Küster (2009 und 2012).

[3] Vgl. Magnusson, K. (2024, S. 11).

Unmöglichkeit" sein. In der kurzen Zeit der Besiedlungsgeschichte und bei einer kleinen Bevölkerungszahl haben es die Isländer immer wieder geschafft, der Natur zu trotzen, sie gar zu beherrschen und schließlich auch gewinnbringend für sich nutzbar zu machen.

Diese Persistenz und „qualitativen Sprünge" in der Umweltgeschichte Islands – wie wir es einmal in einem Aufsatz formuliert haben [4] – aufzuzeigen und zu erörtern, ist das besondere Anliegen dieses Buches.

---

[4] Vgl. Steinecke & Venzke (2016).

Inhaltsverzeichnis

1	**„Jungfräuliche" Natur**	1
1.1	Vulkane, Klima, Gletscher und das Meer	1
1.2	Leben etabliert sich *oder* Ökogenese auf Neuland	6
2	**Die Zeit der Landnahme**	11
2.1	Landschaftsökologisch determinierte frühe Besiedlung	12
2.2	Das frühmittelalterliche „norwegische" Landwirtschaftssystem	15
2.3	Frühmittelalterliche wikingische Expansion in den Nordwestatlantik	17
	Box 1 Historische Meilensteine: Ein kurzer Abriss der Landesgeschichte	18
3	**„Dunkle" Zeiten**	23
4	**Aufbruch in die Neuzeit**	31
	Box 2 Die Aufklärung lässt grüßen!: Forschungsreisende erkunden die Landesnatur	36
5	**Das moderne Island nimmt Kontur an**	39
	Box 3 Ökologische Entwicklung der Stadtregion Reykjavík	53
	Box 4 Von Alken und Nerzen, von Lärchen und Lupinen: Neuzeitliches Einwandern und Verschwinden bei Flora und Fauna	57
	Box 5 Das Klima ändert sich rapide … mit Folgen	63
6	**In der Moderne angekommen**	67
6.1	Nutzung von geothermaler Energie	69
6.2	Ein Paradigmenwechsel spaltet die Gesellschaft: Wasserkraft für industrielle Großprojekte	72
6.3	Eine neue Perspektive: Windkraft	77
6.4	Fisch – gefangen oder gezüchtet	78
6.5	Tourismus: Chance oder Belastung?	79
6.6	Einrichtung von Nationalparks	84
6.7	Natur- und Umweltschutzgesetzgebung	86

6.8	Produktion von Wasserstoff für den Weltmarkt und das Finnafjord-Projekt	88
7	**Quintessenz**	91

Literatur. 93

„Jungfräuliche" Natur 1

1.1 Vulkane, Klima, Gletscher und das Meer

Island, die größte Vulkaninsel der Erde, liegt auf dem Mittelatlantischen Rücken, von dem aus die nordamerikanische und die europäische Erdkrustenplatte mit einer mittleren Geschwindigkeit von etwa einem bis zweieinhalb Zentimetern pro Jahr in jeweils beide Richtungen auseinanderdriften.[1] Zudem dringt hier fast punkthaft und außergewöhnlich intensiv in einem sog. „Hotspot" Magma aus dem Erdmantel auf. Die Insel wird von der sog. Neovulkanischen Zone, dem über dem Meeresspiegel gelegenen Teil des Mittelatlantischen Rückens, von Nordosten nach Südwesten durchzogen. Hier liegen die bedeutendsten Geothermal- und Vulkangebiete mit überwiegend effusivem (s. Abb. 1.1), aber auch explosivem Vulkanismus,[2] und hier fanden und finden auch 2010 die weltweit bekannten Ascheeruptionen des Eyjafjallajökull und die jüngsten Erdbeben und Spalteneruptionen mit der Förderung von frischer Lava auf der Halbinsel Reykjanes statt. Die ältesten isländischen Gesteine sind die Basalte im äußersten Nordwesten und Osten, stammen aus dem mittleren Miozän und sind bis zu 16 Mio. Jahre alt.

Die **Tektonik** und der **Vulkanismus** sind aber nur die eine bedeutende Kraft, die das Landschaftsbild prägt. Die Vergletscherungen der Insel, die vor etwa 5 Mio. Jahren begannen und sie im Pleistozän mit mehreren längeren kaltzeitlichen Maximal- und kürzeren warmzeitlichen Minimaleisbedeckungen überzogen, sind für die Reliefgestaltung maßgeblich verantwortlich. Die Spuren der letzten Kaltzeit, der Weichsel-Kaltzeit, deren Eis fast die ganze Insel bedeckte, sind als glazialerosive Formen und Moränenablagerungen allerorts gegenwärtig, also

---

[1] In der Sifra-Spalte bei Þingvellir werden sogar 7 cm/J erreicht (vgl. Thordarson & Höskuldsson 2014). Dies entspricht ungefähr dem jährlichen Zuwachs eines menschlichen Fingernagels!

[2] Die bedeutendste holozäne Eruption des Vulkans Hekla förderte um 1159 v. Chr. etwa 7,3 km^3 Tephra, die die ganze Insel bedeckte (Tephraschicht H3) (Eiríksson et al. 2000).

© Der/die Autor(en), exklusiv lizenziert an Springer-Verlag GmbH, DE, ein Teil von Springer Nature 2025
J. F. Venzke und K. Steinecke, *Umweltgeschichte Islands*,
https://doi.org/10.1007/978-3-662-71279-5_1

Abb. 1.1 Spalteneruption am Leirhnjúkur im Krafla-System in Nordisland. (Foto: Jörg F. Venzke, Juli 1980), *Ex-1.1 (Vulkanausbruch an der Krafla)*

Gletscher und Vulkane als landschaftsprägende Elemente Islands (s. Abb. 1.2). Nicht umsonst wird Island häufig als „Insel aus Feuer und Eis" bezeichnet. Ein Zusammentreffen von Gletschern und aktiven Vulkanen ist sonst nur in wenigen anderen Regionen der Erde zu finden[3] und führt zu besonderen subglazialen Prozessen wie die Bildung von Tafelbergen bzw. Gletscherläufen (isl.: *jökulhlaup*).

Die Fachliteratur zur Geologie und Tektonik Islands ist nahezu unüberschaubar und kann und soll hier nicht, auch nicht in Ansätzen, aufbereitet werden.[4] Die besonderen geodynamischen Verhältnisse des Landes müssen aber stets bei der Betrachtung der Umweltgeschichte beachtet werden.

Die **klimatischen Verhältnisse** Islands sind durch die Insellage im Nordatlantik knapp südlich des nördlichen Polarkreises[5] und den saisonal stark variierenden Strahlungsgenuss bestimmt. Dadurch ergibt sich ein Jahreszeitenklima mit einstrahlungsreichen Sommern und Langtagbedingungen sowie fast lichtlosen Wintern. Der mangelnde Strahlungsenergiegenuss wird jedoch durch die erhebliche Energieversorgung durch den aus der Karibik kommenden Nordatlantikstrom – oft umgangssprachlich auch als „Golfstrom" bezeichnet – gemildert. An der Polarfront entstehen durch das Zusammentreffen von kontinentaler Kaltluft aus Neufundland oder Grönland und der warmen Strömung des Nordatlantikstromes ständig immer wieder neue Zyklone („Islandtief") mit z. T. sehr niedrigem Luftdruck, hohen Windgeschwindigkeiten und verwirbelnden arktisch-kalten und subtropisch-milden Luftmassen, die das Wettergeschehen prägen. Es ist somit

---

[3] Gebiete, in denen subglaziale Vulkane vorkommen, sind neben Island die Antarktis, Chile, Bolivien, Peru, Alaska, Japan sowie die Kamtschatka-Halbinsel in Russland.

[4] Die isländischen Geowissenschaften genießen weltweit eine sehr große Reputation. Der wahrscheinlich bedeutendste isländische Geologe des 20. Jahrhunderts, der Begründer der sog. Tephrochronologie, ist Sigurður Þórarinsson (1912 bis 1983; vgl. Þórarinsson [1944]). Einen Überblick zur Geologie und Tektonik geben Einarsson, Þ. (1994), Guðmundsson, A. T. (2013), Guðmundsson, S. (2016) und Thordarson & Höskuldsson (2014).

[5] Der nördliche Polarkreis verläuft durch die isländische Insel Grímsey, die etwa 41 km nördlich des Hauptlandes liegt.

1.1 Vulkane, Klima, Gletscher und das Meer

Abb. 1.2 Mýrdalsjökull mit dem Vulkan Katla in Südisland. (Foto: Karin Steinecke, Juni 1992), *Ex-5.9 (Mýrdalsjökull)*

sehr wechselhaft und bringt dem Westen und besonders dem Süden hohe Niederschlagssummen mit bis zu 2000 l/m²J und dem Norden nur ein Viertel davon. Im Südwesten und in geschützten Fjordinnenlagen liegen die Sommermitteltemperaturen über 10 °C, sodass boreale Wälder möglich wären. Der Norden und besonders das zentrale Hochland sind allerdings deutlich kälter. In hohen Lagen ist (noch) Permafrost vorhanden.

Wie überall in der Welt ist auch in Island die globale Atmosphären- und Meereserwärmung spürbar, messbar und nicht ohne Folgen (s. Box 5).

Bei diesen knapp skizzierten klimatischen Konditionen – niedrige Temperaturen und hohe Niederschlagsmengen – ist eine umfangreiche **Vergletscherung** der höheren Lagen selbstverständlich. Gut 11 % der Landesfläche sind (noch) von Eis bedeckt, der Vatnajökull, der größte Gletscher Europas, ist allein etwa 8300 km² groß und beinhaltet 3000 km³ Eis (s. Abb. 1.3). Die nächstkleineren Gletscher Langjökull (ca. 950 km²), Hofsjökull (ca. 925 km²) und Mýrdalsjökull (ca. 600 km²) sind immer noch deutlich größer als die größten Gletscher Norwegens.

Abb. 1.3 Breiðamerkurjökull, genährt vom Vatnajökull, mit der Lagune Jökulsárlón in Südisland. (Foto: Karin Steinecke, August 2014), *Ex-1.2 (Breiðamerkurjökull)*

Allerdings schmelzen aufgrund der Erderwärmung die isländischen Gletscher aktuell dramatisch; in den vergangenen hundert Jahren sind etwa 300 km^3 Eis verloren gegangen.[6] Bis zu einem Meter Mächtigkeitsverlust pro Jahr wird angenommen. Simulationen gehen beim Vatnajökull von einem Eismassenverlust und Gletscherrückgang von 20 % bis zum Jahr 2100 aus.[7]

Weltweite eustatische Meeresspiegelveränderungen und inselspezifische isostatische Bewegungen der Landmasse haben im Holozän die Verlagerung der Küstenlinie verursacht.[8]

Die Tektonik, der Vulkanismus und die pliozänen und pleistozänen Vergletscherungen stellen den Rahmen für die **morphodynamischen Prozesse** bereit,

---

[6] Am 18. August 2019 wurde offiziell das Verschwinden des Gletschers Okjökull auf dem knapp 1200 m hohen Schildvulkan Ok westlich des Langjökull mit einer Gedenktafel manifestiert. Bereits 5 Jahre zuvor hatte er seinen Status als Gletscher verloren, weil seine Masse aus Eis und Schnee nicht mehr mächtig genug war, um ihn durch sein eigenes Gewicht fließen lassen zu können.

Auf der Gedenktafel steht in einem „Brief an die Zukunft" des isländischen Schriftstellers Andri Snær Magnuson: *„Ok ist der erste bekannte Gletscher auf Island, der seinen Status als Gletscher verloren hat. In den kommenden 200 Jahren dürften ihm alle unsere Gletscher folgen. Diese Gedenkstätte soll bezeugen, dass wir wissen, was geschieht und was zu tun ist. Nur ihr werdet wissen, ob wir es getan haben."* (ZEIT ONLINE 2019).

Es ist unklar, ob der seit Anfang des 20. Jahrhunderts verschwundene Glámajökull im Nordwesten als Gletscher hätte bezeichnet werden können – Walther von Knebel und Hans Reck hatten ihn in ihrer Islandkarte 1912 noch verzeichnet (vgl. Knebel, v. & Reck 1912) – oder ob es sich um ein kurzlebiges Schnee- und Eisfeld der „Kleine Eiszeit" ohne typische glaziale Dynamik gehandelt hatte: vgl. Björnsson & Pálsson (2008) und Venzke (2015).

[7] Vgl. Schmidt et al. (2019).

[8] *Eustasie:* Weltweite Meeresspiegelschwankungen durch Volumensveränderungen des Meerwasserkörpers, besonders durch Schmelzwasser von abtauenden Gletschern und Inlandeisen.
Isostasie: Absenkung bzw. Hebung von Landmassen durch Be- bzw. Entlastung durch auflagerndes Material, besonders durch mächtige Eismassen.

Abb. 1.4 Gullfoss, der „Goldene Wasserfall" in Südwestisland. (Foto: Hilke Steinecke, Juni 2008), _Ex-1.3 (Gullfoss)_

die das geologisch junge Relief in der jüngeren Vergangenheit gestaltet haben und auch in der Gegenwart gestalten. Im steilen Gelände der Fjordlandschaften mit hoher Reliefenergie sind dies v. a. gravitative Ereignisse wie z. B. Bergstürze, des Weiteren überall im Land fluviale, besonders glazifluviale Erosion mit Kerbtalbildung und Wasserfällen an Geländestufen (s. Abb. 1.4) und Akkumulationen im Küstenbereich sowie vom Frostwechsel verursachte periglaziale Formung.[9]

Die **Böden** bestehen, mit Ausnahme der Rohböden des Hochlandes mit hoher Wasserdurchlässigkeit, aus Sandlöss aus den nacheiszeitlichen Deflationsgebieten sowie aus vulkanischen Aschen, die z. T. markante, datierbare Leithorizonte bilden. Es sind also äolische Ablagerungen, die ein durchaus gutes Nährstoffpotenzial aufweisen.[10] Sie können aber auch wieder leicht vom Wind erodiert werden, wenn sie in historischer Zeit der schützenden Vegetationsdecke nach deren flächenhaften Vernichtung beraubt sind. In gehobenen Küstenbereichen finden sich marine Ablagerungen. Im Tiefland haben sich darüber hinaus auf fluvialen Sedimenten auch Böden mit einem hohen Anteil an organischer Substanz und Niedermoore entwickelt.

Die **Meeresgebiete** um Island werden von zwei bedeutenden Strömungen geprägt. Der Ostgrönlandstrom bringt von Norden den nördlichen und östlichen Seegebieten kaltes und salzarmes Wasser und gelegentlich im Winter Treibeis. Der Irmingerstrom, ein Ausläufer des Nordatlantikstromes, versorgt hingegen die südlichen und westlichen Seegebiete mit wärmerem Wasser. Durch diese Konstellation ergibt sich um Island herum eine besondere meeresökologische Situation mit besten Bedingungen für große Fischpopulationen.

---

[9] Vgl. Venzke (2008). Ein Überblick über die holozäne Umweltgeschichte findet sich u. a. bei Guðmundsson, H. J. (1997) und Norðdahl et al. (2008).

[10] Vgl. Arnalds, Ó. (2015).

Nordöstlich von Island existiert eine höchst wichtige Region für die globale ozeanische Zirkulation: Hier „stürzt" das sehr salzhaltige Wasser des Nordatlantikstromes nach zunehmender Abkühlung aufgrund seiner höheren spezifischen Dichte in die 4000 m tiefe Tiefsee ab und generiert somit wesentlich die sog. thermohaline Zirkulation, also das „Förderband" der globalen Meeresströmungen für Energie, Nährstoffe und gelöste Gase aus der Atmosphäre.

Es besteht die Befürchtung, dass durch das Abschmelzen des grönländischen Inlandeises – verursacht durch die globale Erderwärmung – nicht nur der Meeresspiegel ansteigt, sondern sich auch eine leichtere, kalte Süßwasserschicht über den Wasserkörper des Nordatlantikstroms legt und damit dessen Abgabe von latenter Energie nach Europa unterbunden wird. Dieses Szenario ist nicht so weit hergeholt: Wahrscheinlich hat es vor 13.000 bis 12.000 Jahren in der Jüngeren Dryaszeit das überaus schnelle Ausströmen von Schmelzwasser des kanadischen Inlandeises, das sich im seinerzeitigen sog. Agassiz-Eisstausee gesammelt hatte, über den Sankt-Lorenz-Strom in den Nordatlantik gegeben. Dies dämpfte den allgemeinen Trend der spätglazialen Erwärmung für etwa tausend Jahre.

1.2   Leben etabliert sich *oder* Ökogenese auf Neuland

Die biogeographische Situation und die sie gestaltenden Prozesse in der Spät- und Nacheiszeit sind natürlich vom Status Islands während der letzten Kaltzeit vorbestimmt, in der die Insel fast vollständig von Eis bedeckt ist und es nur für wenige Arten Rückzugsgebiete in kleinen, isolierten und eisfreien Regionen im Küstenbereich, auf Nunatakkern[11] oder eventuell auf über die Gletscheroberfläche geförderte Lava von aufgedrungenen subglazialen Vulkanen gibt.[12] Die Wiederbesiedlung, zunächst beeinflusst von spätglazialen Rückschlägen des Temperaturanstiegs mit erneuten Gletschervorstößen, erfolgt somit erst sehr spät überwiegend von Osten über Luftströmungen, Vögel, Seehunde und Treibgut. Zwar waren und sind die Hauptwindrichtungen Nordwest und West, doch liegen dort das von Meereis verschlossene Nordpolarmeer und das stark vergletscherte Grönland, Gebiete ohne ein bedeutendes Potenzial für Sporen, Samen und verdriftende Arthropoden.

---

[11] Plural von „Nunatak", einem aus dem Grönländischen stammenden Begriff für aus dem Eis herausragende Felsspitzen mit besonders harschen Periglazialbedingungen.

[12] Auf die ganz andersartigen ökologischen Verhältnisse vor dem Eiszeitalter (Quartär), im späten Tertiär, und deren Manifestierung in entsprechenden Sedimenten, z. B. dem Vorkommen von Kohle, kann nicht eingegangen, und es muss auf „Klassiker" wie Einarsson, Þ. (1994, S. 243 ff.) verwiesen werden.

1.2 Leben etabliert sich *oder* Ökogenese auf Neuland

Gelegentlich erreichen zwar auch vereinzelt Eisbären (*Ursus maritimus*) und Walrosse (*Odobenus rosmarus*) aus arktischen Regionen von Nordwesten her auf Eisschollen die Insel, sie können aber letzlich nicht dauerhaft sesshaft werden.[13]

So bestehen heute die größten biogeographischen Verwandtschaften zu den Arealen in Skandinavien und Schottland. Die isländische Flora und Fauna an Land ist durch die Vergletscherungen und ihre isolierte Lage im Vergleich zu anderen subarktisch-borealen Räumen zumindest in Bezug auf Wirbeltiere und höhere Gefäßpflanzen eher artenarm mit 7 Landsäugetierarten, 75 Brutvogelarten und 11 Süßwasserfischarten sowie mit 530 Gefäßpflanzen – wenn man die Arten mitzählt, die durch den Menschen nach Island gekommen und dort mittlerweile etabliert sind (vgl. Box 4).[14] Amphibien und Reptilien fehlen natürlicherweise auf Island ganz.

Die heutige Flora trägt zu 60 bis 70 % borealen Charakter, die übrigen Arten sind arktisch-alpine Elemente. 97 % der Arten kommen auch im übrigen Skandinavien vor, 60 % auch auf Grönland. Nur wenige Sippen wie das Arktische Weidenröschen (*Epilobium latifolium*) oder die Nordische Waldhyazinthe (*Platanthera hyperborea*) fehlen in Europa und haben ihr Verbreitungsgebiet außer auf Island in Nordamerika.[15] In der Vogelwelt sind Eistaucher (*Gavia immer*), Spatelente (*Bucephala islandica*) und Kragenente (*Histrionicus histrionicus*) Beispiele für Arten, die eine mehr westliche Verbreitung haben.

Aufgrund der geringen Artenzahlen scheint die Biodiversität in Island sehr gering zu sein. Dies stimmt aber nur bedingt. Zum einen sind die Artenzahlen für Pilze (ca. 3000 Arten), Flechten (ca. 800 Arten) und Moose (ca. 600 Arten) sowie z. B. für Arthropoden (ca. 2000 Arten) durchaus beachtlich – vor allem, wenn man sie auf die kleine Fläche des Landes bezieht. Diese Artenzahlen wachsen zudem beständig durch Neufunde an.[16] Gleichzeitig ist auch zu berücksichtigen, dass zwar auf Island vergleichsweise wenig Arten vorkommen, manche jedoch mit enormen Individuenzahlen. Dies gilt z. B. für viele Seevögel, die in sehr großen Vogelkolonien auf Island vorkommen. So brüten beispielsweise ca. 1,2 Mio. Brutpaare des Eissturmvogels (*Fulmarus glacialis*) an den Küsten Islands; das sind etwa 80 % des Weltbestandes.[17] Von Bedeutung für die Biodiversität einer Region sind aber neben reinen Artenzahlen auch die genetische, ökosystemare sowie funktionale Vielfalt. Die Zahl der Ökosysteme auf Island ist groß und reicht von Küsten-

---

[13] Walrosse waren wohl bis ins Mittelalter an der Nordküste heimisch, fielen aber der Jagd nach Elfenbein zum Opfer. Vielleicht ist es die erste auf Island ausgerottete Tierart.

Im Zeitraum von 1951 bis heute wurden Eisbären in Island im Durchschnitt alle 2 Jahre beobachtet. Zuletzt erreichte im September 2024 ein Eisbär die Westfjorde. Nach einem Beschluss des Umweltministeriums von 2008 sind alle auf Island anlandenden Eisbären zu töten. Zu groß werden die Kosten für eine Rückführung der Bären nach Grönland sowie die Gefahren für Bevölkerung und Nutztiere eingeschätzt (vgl. *Icelandic Institute of Natural History* 2024a).

[14] Vgl. Steinecke & Venzke (2016) und Wasowicz (2020).

[15] Vgl. Schmidt (1991).

[16] Vgl. *Icelandic Institute of Natural History* (2024a).

[17] Vgl. *Icelandic Institute of Natural History* (2024a).

lebensräumen über Still- und Fließgewässer bis zu Gletscherbiotopen und Felsschuttfluren in großer Höhenlage und von Resten subpolarer Birkenwälder bis hin zu karg bewachsenen Dünen auf Lavasand. Ganz besondere Lebensräume stellen dabei die zahlreichen heißen oder mineralischen Quellen dar, in denen sich einzigartige Lebensgemeinschaften insbesondere aus Mikroorganismen ansiedeln konnten, die es teilweise nur auf Island gibt (u. a. *Methanothermus fervidus* und *Sulfophobococcus zilligii*). Aus dem Mývatn ist eine besondere kugelige Wuchsform der Grünalgenart *Aegagropila linnaei* bekannt, die sich durch die besondere Kombination aus Wellenbewegung, Bodensubstrat, mineralischen Nährstoffen und dem Lichtgenuss ergibt und sonst bisher nur in einem See in Japan gefunden wurde.

Es gibt trotz der jungen Besiedlungsgeschichte Islands an die 20 Endemiten in Fauna und Flora. Darunter sind Fische (u. a. der Isländische Dreistachlige Stichling [*Gasterosteus islandicus*] und der Thingvallavatn-Saibling [*Salvelinus thingvallensis*]), Amphipoden (*Crymostygius thingvallensis*) sowie Schnecken (*Lehmannia islandica*). Auch der in der Nähe heißer Quellen vorkommende Isländische Rippenfarn (*Struthiopteris fallax*) sowie der Isländische Strandroggen (*Elymus alopex*) sind endemisch.[18]

Das klimatische Potenzial Islands hätte wahrscheinlich in Tieflagen die Etablierung borealer Nadelwälder zugelassen, jedoch waren dafür die Zeit zu kurz und die Distanzen zu groß.

Island weist als geologisch sehr junges Terrain auch heute noch etliche Flächen auf, die sich in einem *Status nascendi* befinden bzw. sich noch vor wenigen Jahren in einem Zustand nahezu steriler Verhältnisse befunden haben. Es handelt sich dabei um Gletschervorfelder, die ganz frisch von Eis frei geworden sind und glazigenes mineralisches Substrat aufweisen (gegenwärtig mehr denn je), vor allem aber um abgekühlte Lava unterschiedlicher Struktur[19] oder frisch über das Land mit entwickelten Böden und Vegetation verbreitete, vulkanische Aschefelder mit Mächtigkeiten von wenigen Zentimetern bis zu wenigen Metern.

Während auf den jungen Moränenoberflächen durch die Verwitterung relativ bald mineralische Nährstoffe zur Verfügung stehen, bedarf es auf Lavafeldern zu Beginn der Ökogenese des äolischen und ornithogenen Eintrages von Samen bzw. Sporen für die Primärsukzession, der überwiegend aus der benachbarten Vegetation erfolgt. Dabei handelt es sich natürlich zunächst um sog. euryöke Opportunisten, die ein breites Spektrum an physischen Bedingungen ertragen, eine hohe Fortpflanzungsrate besitzen, allerdings auch konkurrenzschwach sind. Der begrenzende Faktor in den sich entwickelnden Ökosystemen ist der Gehalt an pflanzenverfügbarem Stickstoff, der erst durch Symbiosen mit Luftstickstoff fixierenden Bakterien generiert werden kann oder über die Exkremente von Tieren und deren Kadaver eingetragen wird.

So sind es auf holozänen *Apalhraun*-Lavafeldern im ozeanischen Tiefland überwiegend Zackenmützen- bzw. *Racomitrium*-Mooshorste mit vereinzelten Zwergsträuchern wie Krähenbeere (*Empetrum nigrum*), Rauschbeere (*Vaccinium uliginosum*) und Bärentraube (*Arctostaphylos uva-ursi*), die über längere Zeiträume so viel tote organische Substanz produzieren und akkumulieren, dass ein Fortgang

---

[18] Vgl. *Living National Treasures* (2024).
[19] Es wird oft zwischen Brockenlava (isl.: *apalhraun*), die zähflüssig austritt und nach dem Abkühlen recht scharfkantig ist, und Fladenlava (isl.: *helluhraun*), die dünnflüssig rasch abfließt und später deutliche Fließstrukturen aufweist, unterschieden.

1.2 Leben etabliert sich *oder* Ökogenese auf Neuland

der Ökogenese letztendlich bis zum Birkenwald stattfinden kann. Auf übersandeten Lavaflächen sind *Stereocaulon*-Strauchflechtenpolster mit dispers verteilten, vereinzelt stehenden Pflanzen der sog. *Melur*-Vegetation wie Leimkraut (*Silene vulgaris*), Rotschwingel (*Festuca rubra*), Felsenschaumkresse (*Arabidopsis petraea*) und Grasnelke (*Armeria maritima*) erste Besiedlungsstadien.[20]

Das – vielleicht weltweit – beste Objekt des Studiums der Ökogenese auf absolut neuem vulkanischen Substrat in einer marinen Umgebung liegt seit 1963 mit der Entstehung der etwa 30 km vor der südisländischen Küste gelegenen vulkanischen Insel Surtsey vor.[21] Von Anfang an vor anthropogenem Einfluss geschützt und nur zu Forschungszwecken mit strengen Auflagen zu betreten ist sie ein Eldorado für Sukzessionsforschungen.[22] Bakterien und Pilze sind die ersten Einwanderer. Als erste Gefäßpflanze kann 1965 im litoralen Milieu des Strandes die Salzmiere (*Honckenya peploides*) Fuß fassen. Moose kommen erst wenige Jahre später auf terrestrischen Standorten vor und nehmen zunächst nur sehr langsam in der Artenzahl zu. Von den anfänglich 60 identifizierten Gefäßpflanzenarten gibt es 2005 nur noch 51, 2019 kann zwar die 75. Pflanzenart neu auf Surtsey gefunden werden, aber nur 40 Arten bilden wirklich größere Bestände. Nicht alle Neuankömmlinge können sich also etablieren, sodass die Einwanderungsrate neuer Arten sinkt, ein Phänomen, das aus der Theorie der Inselbiogeographie bekannt ist.

Springschwänze und Milben sind die ersten tierischen Pioniere, deren Nahrungsgrundlage jedoch nicht die sehr spärliche Vegetation, sondern das vermodernde Treibholz an der Küste ist.[23] Als erste Vögel brüten auf der Insel, als es genügend Vegetation gibt, 1970 Gryllteiste (*Cepphus grylle*) und Eissturmvogel.[24] Erst mit der Entstehung der ersten Vogelkolonien auf Surtsey können auch Flechten langsam Fuß fassen. Bis 2006 sind es schließlich mehr als 80 verschiedene Flechtenarten, darunter auch Arten, die neu für Island sind.[25] Neben den Seevögeln tragen insbesondere auch Seehunde (*Phoca vitulina*) zur Einschleppung von Arten und die Formung der Vegetationsbestände in Küstennähe bei – zumindest solange noch flache Sandstrände vorhanden sind.

Mittlerweile hat die Erosion die Insel in Fläche und Höhe zwar erheblich gestutzt, sie ist allerdings mit ihren Klippen ein stabiler Ort für Pflanzen, Zug- und Brutvögel geworden. Die Ökogenese hat offenbar geklappt! Die Insel begrünt sich und bietet vermutlich auf lange Zeit neuen Lebensraum im Nordatlantik!

---

[20] Vgl. Jónsdóttir Svane (1963) und Venzke (1982a und 1987).

[21] Surtsey wird gerne als Beispiel für eine submarine Vulkanbildung, die mehr oder weniger zufällig die Meeresoberfläche durchstößt und neues Land schafft, dargestellt. Man sollte jedoch nicht vergessen, dass bereits 1957/58 an der Nordwestküste der azorianischen Insel Faial mit dem Vulcão dos Capelinhos etwas sehr Ähnliches geschah mit vergleichbaren ökogenetischen Folgen. Nur fand das Ereignis nicht die (wissenschafts-)publizistische Aufmerksamkeit.

[22] Erste deutschsprachige Berichte zur Ökogenese auf Surtsey liefert ein Sonderband des Naturwissenschaftlichen Vereins Schleswig-Holsteins; vgl. besonders Schwabe (1970).

[23] Vgl. Urban (2016).

[24] Vgl. Baldursson & Ingadóttir (2007), die eine umfangreiche Darstellung bieten zur Etablierung von Surtsey als UNESCO-Weltnaturerbe im Jahr 2008.

[25] Vgl. Kristinsson & Heiðmarksson (2009).

Die Zeit der Landnahme

Erste menschliche Einflussnahme auf die landschaftlichen Ökosysteme

Das Szenario ist gut vorstellbar: Tage-, vielleicht wochenlange Seefahrt in offenen Booten über den nasskalten, stürmischen Nordatlantik … eine Reise ins Ungewisse. Dann Landsicht. In der Ferne schimmern schnee- und eisbedeckte Berge. Erkundung der Küste und Suche nach einem sicheren Anlandeplatz. Landgang und Landerforschung.

Mitte des 9. Jahrhunderts machen irische Mönche, die glauben, im hohen Norden Menschen zum Missionieren finden zu können, diese Erfahrung.[1] Sie fahren in sog. Curraghs, mit Ochsenleder bespannten und mit Schafsfett abgedichteten, etwa fünfeinhalb Meter langen Booten, die immerhin in der Lage sind, auch lebende Schafe zu transportieren. Dadurch kommen die ersten größeren pflanzenfressenden Säugetiere auf die Insel.[2] Lange dauert der Aufenthalt der Mönche allerdings nicht, aber sie kommen doch noch mit den ersten wikingischen Siedlern aus Norwegen in – jedoch wenig nachhaltigen – Kontakt. Wenige Ortsnamen weisen darauf hin, z. B. der Name der Insel Papey im Südosten.

Nach ersten wikingischen Erkundungen Mitte des 9. Jahrhunderts und gescheiterten Siedlungsversuchen gibt *Hrafna-Flóki Vilgerðarson*, der die Nordwestfjorde treibeisverschlossen vorfindet, 868 der Insel den Namen Island, also „Eisland" im Nordischen. Der Beginn der wikingischen Landnahme wird jedoch traditionell an der Hofgründung des Norwegers *Ingólfur Arnarson* im Jahre 874 im Südwesten in der wegen der dampfenden Geothermalquellen als „Rauchbucht", Reykjavík, bezeichneten Stadt festgemacht, obwohl *Ingólfur* schon zwei Winter an der Südküste zugebracht hatte.

Das Gebiet um Reykjavík bietet in der Tat für die damaligen Verhältnisse optimale Siedlungsbedingungen. Der Ort liegt küstennah mit der Möglichkeit zum

---

[1] Dass bereits im 6. Jahrhundert der irische Mönch Brendan, später der Heilige, Island als erster Mensch erreicht hat, ist sicherlich eine Legende.

[2] Vgl. Box 4.

Bau von sicheren und durch Inseln geschützte Hafenplätze. Es gibt gute Lachsflüsse, die hier ins Meer münden, Klippen mit Seehunden sowie reiche, flache Weidegründe, wobei die vorgelagerten Inseln als sichere und abgegrenzte Plätze für das Vieh von besonderem Vorteil sind. Frischwasser ist ebenso vorhanden wie warme Quellen, die zum Kochen, Baden und Waschen genutzt werden können. Trotz der günstigen Standortverhältnisse existiert hier über Jahrhunderte hinweg wohl nur ein einzelner Hof, der außer im Bericht über die Landnahme in keiner Isländersaga Erwähnung findet. Selbst in der *Sturlunga*-Sage, die die wichtigsten historischen Geschehnisse des 12. und 13. Jahrhunderts in Island zusammenfasst, wird Reykjavík als Ort nicht genannt.[3]

Während der etwa sechzig Jahre langen Phase der sog. Landnahmezeit,[4] über die mit dem *Íslendingabók* und dem *Landnámabók* aus dem 13. Jahrhundert hervorragende Quellen vorliegen, kommen etwa 400 Siedlerfamilien aus Norwegen, z. T. mit irisch-keltischen Frauen und Sklaven, und besetzen die für die Landwirtschaft günstigsten Standorte in Küstennähe und in geschützten Tälern.[5]

Bereits die ersten Siedler bringen vermutlich als Kulturfolger die Hausmaus (*Mus musculus*), die Waldmaus (*Apodemus sylvaticus*) sowie Haus- und Wanderratte (*Rattus rattus, R. norvegicus*) mit nach Island.[6]

2.1 Landschaftsökologisch determinierte frühe Besiedlung

Die ersten Siedler suchen natürlich – wie im Falle von Reykjavík geschehen – nach Standorten für ihre Hofstellen, die ihnen frisches Wasser in der Nähe sowie für Landwirtschaft günstige geomorphologische und geländeklimatische Verhältnisse bieten. Im relativ flachen Südwesten und in den inneren Bereichen der Fjorde liegen diese Bedingungen vor: Wasser gibt es im humiden Klima überall, und bis etwa 500 m Höhe wächst fast flächendeckend krautreicher Birkenwald (s. Abb. 2.1). Bestandsbildend ist die bis zu 12 m hohe, meist jedoch deutlich niedrigerwüchsige Moorbirke (*Betula pubescens*) u. a. mit Steinbeere (*Rubus saxatilis*), Waldstorchschnabel (*Geranium silvaticum*), Wiesenschachtelhalm (*Equisetum pratense*), Schwarzweide (*Salix phylicifolia*) und Labkraut (*Galium verum*) im Unterwuchs.[7] Etwa 65 % der Landesfläche sind vegetationsbedeckt, mindestens 25 % von Birkenwäldern.[8] Größere Herbivore gibt es in diesen Wäldern nicht.[9] Die sommerlichen Temperaturen

---

[3] Vgl. Gunnarsson, P. (2011).

[4] Tephrochronologisch wird die Landnahmezeit gefasst zwischen der sog. *Landnám*-Tephra, einer Eruption des Torfajökulls von 876/878, und der Eldgjá-Asche von 938/39 (Mehler 2024; s. auch Sigurgeirsson et al. 2013).

[5] Vgl. Box 1.

[6] Vgl. Box 4.

[7] Vgl. Glawion (1985).

[8] Vgl. Arnalds, A. (1987).

[9] Vgl. Box 4.

2.1 Landschaftsökologisch determinierte frühe Besiedlung

Abb. 2.1 Krautreicher Birkenwald bedeckte Island vor der Landnahme zu etwa einem Viertel bis in Höhen von 500 Metern. (Foto: Karin Steinecke, Juli 2014), *Ex-2.1 (Naturnaher Birkenwald)*

dort überschreiten im Mittel 10 °C, und die Vegetationsperiode umfasst etwa 120 Tage.[10] Die Außenbereiche der Fjorde sind zu stürmisch, die innersten gelegentlich von Flusshochwasser betroffen. Am günstigsten für die Anlage von Siedlungen sind süd- und südwestexponierte Lagen, die nicht von gegenüberliegenden Bergen zu lange beschattet werden, im Winter nicht lawinengefährdet sind und deren Umgebung Fruchtbarkeit und Bearbeitung der Böden versprechen. Die Erfahrungen zur richtigen Standortwahl und Landwirtschaft bringen die norwegischen Aussiedler aus ihren Heimatregionen mit. Als Siedlungsgrenze gilt in Island somit bis auf wenige Ausnahmen eine Höhe von etwa 200 m über dem Meeresspiegel.[11]

Diese Orte werden bis etwa 930 überwiegend von den Pionieren besetzt. Die Siedler in der Spätphase der Landnahmezeit und danach müssen bereits auf Standorte in höheren Lagen am Übergang zum fast vegetationsfreien Hochland ausweichen.[12] Dabei wird die Nähe zu aktiven Vulkanen[13], soweit man deren Aktivität erlebt hat, gemieden, obwohl man sich der Vorzüge von geothermalen Quellen und der Fruchtbarkeit vulkanischer Böden schon sehr früh durchaus bewusst ist.[14]

Dieser Prozess ist sicherlich nicht problemlos verlaufen: Die Spätankommer benötigen Unterstützung, die sich die Erstbesiedler vergüten lassen.[15] Die genaue

---

[10] Vgl. Venzke (1986b). Die heutigen Werte liegen aufgrund des Klimawandels deutlich höher.

[11] Vgl. Gläßer & Schnütgen (1986).

[12] Ausgedehnte Bereiche des zentralen Hochlandes sind zwar klimatologisch auch humid, weisen jedoch aufgrund der Substratverhältnisse mit sehr rascher Versickerung von Regen- und Schmelzwasser einen wüstenhaften Charakter auf, weshalb bereits 1964 der deutsche Geologe Martin Schwarzbach den Begriff der „edaphisch bedingten Wüsten" eingeführt hat (vgl. auch Venzke 1982b).

[13] Zur damaligen Zeit wurden gemäß des heidnischen Glaubens Vulkanausbrüche als drohende Zeichen der Götter gedeudet. So verwundert es nicht, dass in den isländischen Sagas kaum von solchen die Rede ist, obwohl Vulkanausbrüche das dortige Leben prägten. Zu groß war die Sorge, dass die zornigen Reaktionen der Götter potenzielle Neusiedler abschrecken könnten.

[14] Der Dichter und Historiker Snorri Sturluson (1179-1241) ließ sich beispielsweise an seinem Wohnsitz in Reykholt ein als *Snorralaug* bekanntes geothermal beheiztes Bad bauen.

[15] Vgl. Vésteinsson (2000).

Bevölkerungszahl ist zwar für diese Zeit unbekannt; es werden aber bis zu 60.000 Menschen vermutet,[16] und es existieren wohl etwa 4560 Höfe.[17]

Viele Jahrhunderte hinweg dominieren sehr isoliert gelegene Einzelgehöfte sowie kleinere Streusiedlungen insbesondere in Küstennähe, in denen sich zunächst Infrastrukturen der Fischerei (Anleger, Fischverarbeitungsplätze, kleinere Schiffsbauplätze) und später auch solche des Handels mit Europa (Warenlager, Kaufläden) bündeln. Kirchdörfer fehlen auf Island fast ganz. Ältere Kirchen finden sich in Island bevorzugt in Alleinlage, da diese nach der Christianisierung anstelle früherer heidnischer Opferplätze abseits der Siedlungen errichtet werden.

Als besondere Gunstfaktoren für die Besiedlung kann sicherlich auch angesehen werden, dass es keine indigene Bevölkerung sowie keine die Weidewirtschaft bedrohenden herbivoren Nahrungskonkurrenten und Raubtiere gibt. Die Nutzungsareale der Höfe sind weit bemessen, dadurch allerdings auch die Distanzen zu Nachbarn, die fast ausschließlich mit dem Boot zu erreichen sind, groß.

Man stelle es sich in etwa so vor:

Es gibt flache, sandige Anlandestellen für die Knorre.[18] Mitgebrachte Kühe geben Milch. Beeren und Pilze sind die allerersten Nahrungsmittel des Neulands. Fischfang in Flüssen und in küstennahen Gewässern sowie Robbenschlag und das Sammeln von Seevogeleiern ergänzen den Speisezettel. Den Birkenwald für eine Siedlungsstelle zu roden, ist kein Problem. Allerdings: Mit dem Birkenholz kann man nicht bauen, weder Häuser noch Schiffe; es ist zu kurz und zu krumm. Heizen kann man damit zwar, aber das Holz brennt sehr schnell und spendet verhältnismäßig wenig Wärme. Als Energierohstoffe werden auch Treibholz,[19] das in vergleichsweise großen Mengen vor allem an den Küsten der Westfjorde und des Nordosten des Landes angeschwemmt wird, Tran, getrockneter Kuh- und Schafdung sowie Torf genutzt.

An manchen Stellen kann man aus nassen Wiesen Raseneisenerz ausgraben, das mit durch Köhlerei gewonnener Holzkohle verhüttet wird.

Der Zugang zu Holz und Torf wird durch das älteste erhaltene Gesetzbuch, die *Grágás*, geregelt und während des alljährlichen *Alþing* deklariert.[20]

Durch Rodung für Siedlungs- und Heuwiesenflächen, Einschlag zur Brennholz- und Holzkohlegewinnung sowie Weidedruck durch Schafe und Kühe ist die Beanspruchung der hofnahen Birkenwälder immens, sodass bereits während der Landnahmezeit erste starke Vegetationsschäden und Bodenerosion auftreten.

---

[16] Vgl. Hjálmarsson (1994).

[17] Vgl. Karlsson (2010).

[18] Ein Knorr ist das „Lastschiff" der Wikinger, breiter, mit höherem Freibord und langsamer als die bekannten „Drachenboote", jedoch für den Transport von Menschen, Vieh und Gegenständen viel effektiver.

[19] Dabei handelt es sich meist um sibirisches Nadelholz, das mit der Eisdrift über das Nordpolarmeer transportiert worden ist. Langes Treibholz dient auch als Bauholz.

[20] Vgl. Mehler (2024).

2.2 Das frühmittelalterliche „norwegische" Landwirtschaftssystem

Die Wirtschaftsform in der Landnahmezeit (und noch sehr lange Zeit darüber hinaus) ist die Subsistenzwirtschaft. Jeder Hof erarbeitet das, was er zur Versorgung seiner Gemeinschaft benötigt, selbst; es wird fast nichts für einen Markt produziert.

Der Anbau von Gerste[21] spielt zwar im klimabegünstigten Südwesten eine gewisse Rolle, besonders während des mittelalterlichen Klimaoptimums.[22] Auf ein gewisses Maß an Ackerbau weisen Ortsnamen wie Akureyri, Akranes oder der Name der kleinen, bei Reykjavík gelegenen Insel Akurey hin.[23] Im Wesentlichen beruht die Ökonomie allerdings auf der Viehwirtschaft. Im Südwesten dominiert wie in den norwegischen Herkunftsgebiete die Haltung von Milchkühen, die knapp 50 % der Haustiere ausmachen.[24]

Schweinehaltung stellt etwa 20 % und Schafhaltung etwa 30 % der Viehhaltung dar. In Nordisland spielt schon während der Landnahmezeit die Nutzung von Schafen für die Fleisch-, Milch- und Wollproduktion eine viel größere Rolle als im Süden. Im 11. Jahrhundert wird dort die Schafhaltung absolut dominant (s. Abb. 2.2); Schweine verschwinden gänzlich.[25] Darin drückt sich zum einen

---

[21] Der Gerstenanbau spielt in der wikingischen Kultur zur Herstellung von Bier eine große Rolle. Nach Ende des Klimaoptimums müssen alkoholische Getränke (Bier, Met, Wein) importiert werden, da es auf Island weder Getreide noch Honig oder Früchte in größeren Mengen gibt. Noch heute wird in Island einzig Wein aus Rhabarber vergoren, der auf Island gut gedeiht. Selbst der berühmte isländische Brennivín („Schwarzer Tod") ist ein Schnaps, der aus eingeführtem britischem Korn, Kümmel und klarem, isländischem Lava-Wasser hergestellt wird. Gerste ist aber auch wichtig für die Herstellung von Grütze, die wie überall im europäischen Mittelalter ein Grundnahrungsmittel darstellt.

[22] Das sog. mittelalterliche Klimaoptimum beginnt ab 800 mit einer Temperaturzunahme, die zwischen 900 und 1000 ihr Maximum erreicht und bis 1300 wieder abklingt. Gegenüber der folgenden Zeit bis 1900 liegen die Temperaturen um bis zu 1,5 bis 2,0 °C höher. Als Ursache werden sowohl eine hohe Sonnenaktivität und solare Einstrahlung als auch eine positive Phase der Nordatlantischen Oszillation mit verstärktem Eintrag milder und feuchter Luftmassen in den nordatlantischen Raum angenommen (vgl. Trouvet et al. 2009). Es ist also eine natürliche und keine anthropogen verursachte Klimaschwankung. Landschaftsökologische Folgen sind u. a. längere Vegetations- und Anbauperioden, höher liegende Vegetationsgrenzen in den Gebirgen und eine Reduktion der Gletscherflächen. In Island zerfällt der Vatnajökull in mehrere Teilgletscher. Die Seefahrt zwischen Norwegen, Island und Grönland wird nicht durch Treibeis beeinträchtigt, obwohl ganz gelegentlich – wie im Winter 1118 – Treibeis vor Island gesichtet wird (Behringer 2007, S. 105).

[23] Vgl. Iwan (1935/2010).

[24] Aus Rahm wird Butter und aus Magermilch der sehr eiweißreiche Magerkäse „Skyr" hergestellt. Tierische Milchproduktion ist übrigens bedeutsam für Gesellschaften mit hohen Reproduktionsraten: Die Stillzeit der Mütter kann verkürzt werden, und eine Frau kann mehr Kinder zur Welt bringen. Dies gilt in abgeschwächter Form auch für die wikingischen Höfe in Grönland.

[25] Vgl. McGovern (2000).

Abb. 2.2 Islandschafe, bereits von den wikingischen Erstsiedlern mitgebracht, sind sehr robust und sich im Sommer auf Hochweiden selbst überlassen. (Foto: Karin Steinecke, August 2014), _Ex-2.2 (Islandschafe)_

eine Verschlechterung des Klimas aus, zum anderen die Begrenztheit des Landes, das zur Gewinnung von Winterfutter zur Verfügung steht. Schafe können im Sommer auf Hochweiden getrieben und sich bis zum Herbst selbst überlassen werden.[26] In Hofnähe wird auf z. T. gedüngten Mähwiesen, dem *Hústun,* Heu gemacht. Nach norwegischem Muster kann zwischen *Innmark* und *Utmark* unterschieden werden. Die Menge an produziertem Winterfutter entscheidet nach dem Abtrieb über den Umfang der Schlachtungen und die Versorgung im Winter. Für Kühe und Schweine bleibt die hofnahe Waldweide in den zunehmend degradierten Birkenwälder. Pferde[27] werden als Reit- und Transporttiere gehalten; von Pferden gezogene Wagen sind jedoch nicht in Gebrauch.

Über das Hochland gibt es im Frühsommer bessere und gekennzeichnete Reitwege zum *Alþing* zu den *Þingvellir* in Südisland als entlang der Küste, wo die breiten Flussmündungen nahezu unüberwindliche Verkehrshindernisse darstellen. Vor allem zu Zeiten des mittelalterlichen Klimaoptimums, als der Vatnajökull in mehrere Teilgletscher fragmentiert ist, öffnen sich noch mehr eisfreie Korridore als die noch heute benutzten bekannten Kjölur- und Sprengisandur-Routen zwischen Nord und Süd. Es gibt seinerzeit mindestens vier Routen durch das Gebiet, die auch jedoch einige Dutzend Kilometer übers Gletschereis führen.[28]

---

[26] Dort gibt es Allmendegebiete (isl.: *almenningar*) und in Privatbesitz befindliche Weidegebiete (isl.: *afréttir*) (vgl. Líndal [2011]).

[27] Das Islandpferd gilt als robustes Kleinpferd und wird bereits wie die Schafe mit den ersten Siedlern nach Island gebracht. Die genaue Herkunft ist nicht bekannt, wahrscheinlich handelt es sich aber um eine Kreuzung aus verschiedenen germanischen und keltischen Kleinpferderassen. Da vermutlich bereits im Jahr 982 n. Chr. das *Alþing* ein Gesetz verabschiedet, das die Einfuhr anderer Pferderassen ins Land verbietet, handelt es sich beim Islandpferd um eine mehr als 1000 Jahre alte reine Zuchtlinie, was weltweit wohl einzigartig ist.

[28] So berichtet z. B. Daniel Bruun 1912/13 in seinen „*Islaenderfaerder til hest over Vatnajökull i aelder tider*" (vgl. Iwan [1935/2010]).

Die Landwirtschaft wird ergänzt durch küstennahen Fischfang[29] und Seehundjagd sowie Eiersammeln und Vogelfang.[30] Letzterer besonders im Südwesten, wo es saisonal zahlreiche Seevögel gibt. Und die Jagd auf Walrosse, die es zunächst an südwestisländischen, später nur noch an nordisländischen Küsten gibt, erbringt mit deren Elfenbein und aus Walrossleder geflochtenen Seilen wertvolle Tauschmittel für den Handel mit Mitteleuropa. Aber die Bestände werden relativ rasch ausgerottet.[31]

Auch küstennaher Walfang bleibt eine Nahrungsbeschaffungsquelle, wie in verschiedenen Sagas berichtet wird.[32]

Die Höfe der Landnahmezeit und auch später sind bestimmt durch das Langhaus, das aus Torf-, vor allem aber aus aufgeschichteten Grassoden gebaut wird (s. Abb. 3.5, 5.8). Holz – das nur in eingeschränktem Maße zur Verfügung steht – ist jedoch für Abstützungen, Dachstuhl und Inneneinrichtung vonnöten. An das Haus können einige Nebenräume angegliedert sein. Es gibt nur einen Eingang, keine Fenster, eine Feuerstelle und Rauchabzüge. Die Wände sind etwa einen Meter dick und teilweise innen mit Steinen stabilisiert, halten im Winter im außen gefrorenen Zustand Wind und Kälte ab, sind im Sommer aber auch Quelle hoher Feuchtigkeit im Innern.[33]

Unter diesem Dach lebt eine Großfamilie mit allen Generationen, aber auch Sklaven und Gäste.

2.3　Frühmittelalterliche wikingische Expansion in den Nordwestatlantik

Die Entdeckungsfahrten und Siedlungsexperimente in Grönland und an der nordamerikanischen Küste sollen hier nicht besonders behandelt, jedoch kurz erwähnt werden,[34] weil sie als Folge von Spannungen in der isländischen Gesellschaft interpretiert werden können, aber v. a. auch als die Notwendigkeit, auf den

---

[29] Besonders werden Dorsch (*Gadus morhua*) und Atlantischer Hering (*Clupea harengus*) mancherorts im Frühjahr z. T. mit offenen Booten von saisonalen Fischerlagern aus gefangen.

[30] So hat sich bis heute in sehr eingeschränktem Maße die Tradition des Fangs von Papageientauchern (*Fratercula arctica*) besonders auf den Westmänner-Inseln gehalten. Eier von Trottellummen (*Uria aalge*) wurden und werden besonders in den Westfjorden gesammelt ebenso wie die Daunenfedern aus den Gelegen der Eiderente (*Somateria mollissima*). Sie wurden bzw. werden früher für Bettzeug und heute für hochwertige Daunenbekleidung genutzt.

[31] Vgl. Frei et al. (2015). Sehr ähnlich ergeht es später in den grönländischen Siedlungen.

[32] Vgl. Whitaker (1984) und Venzke (1986a).

[33] Archäologisch besonders gut untersucht ist die Hofstelle Stöng im Þjórsárdalur, die 1104 durch die Asche eines Heklaausbruches verschüttet und somit konserviert geworden war. 1939 begann die Ausgrabung durch den dänischen Archäologen Aage Roussell; erstmalig kam hier die Tephrochronologie als Datierungsmethode zum Einsatz. Im Grundriss des Langhauses können ein Gemeinschaftsraum mit Feuerstelle, ein Raum für Frauenarbeit, ein Vorratsraum mit Skyr-Fässern und eine Latrine unterschieden werden. Mittlerweile sind die Grundmauern eines zweiten Hauses gefunden worden, was den Schluss nahe legt, dass hier eine kleine Siedlung existiert hat (vgl. Trodler 2023).

[34] Man mag bei Fitzhugh & Ward (2000) und Seaver (2011) weiterlesen.

Schwund an Ressourcen zu reagieren. Die Suche nach neuem, landwirtschaftlich nutzbarem Land führt *Eirík den Roten* mit Aussiedlern um 985 nach Südwestgrönland. Von dort werden im Norden Grönlands Walrosse gejagt, deren Elfenbein in Mittel- und Südeuropa nach der Unterbrechung alter Handelswege durch die arabische Expansion und des Zugangs zu indischem und afrikanischem Elefantenelfenbein gern genommen wird. Island bleibt nach Ausrottung der eigenen Bestände bis ins 15. Jahrhundert Umschlagplatz für grönländisches Walrosselfenbein.

Eiríks Sohn *Leif* erkundet Labrador und Neufundland, um aus den dortigen borealen Wäldern Langholz besonders für den Boots- und Hausbau zu gewinnen. Doch die um 1000 angelegte Siedlung L'Anse-aux-Meadows an der Nordspitze Neufundlands, die wahrscheinlich bis mindestens 1021 existierte, wird wegen des massiven Widerstandes der indigenen Bevölkerung aufgegeben.[35]

Weshalb und wie das wikingische Siedlungsexperiment in Grönland nach gut 400 Jahren Anfang des 15. Jahrhunderts scheitert, ist immer noch nicht endgültig geklärt.[36]

Box 1 Historische Meilensteine

Ein kurzer Abriss der Landesgeschichte[37]

Ob *Pytheas von Massalia* Mitte des 4. vorchristlichen Jahrhunderts in Island sein ‚Thule' wirklich gefunden oder ob der irische Mönch *Brendan* um 500 n. Chr. tatsächlich die nordatlantische Insel erreicht haben, bleiben Objekte der Spekulation.

Allerdings erreichen Mitte des **9. Jahrhunderts** irische Mönche wohl als erste Menschen Island; genaue Daten fehlen zwar, doch wird von ihnen von den ersten norwegischen Siedlern berichtet. Sie haben für einige Jahre auf der Insel gelebt und die ersten Schafe hinterlassen.

Nach früheren Besuchen der Insel durch andere norwegische Wikinger geht *Ingólfur Arnarson* 870 in Südisland an Land und siedelt drei Jahre später im Bereich des heutigen Reykjavík; damit wird die dauerhafte Besiedlung der Insel begründet.

In der sog. Landnahmezeit, für die stets der Zeitraum von **870 bis 930** angegeben wird, kommen über 400 überwiegend norwegische Siedlerfamilien, z. T. mit ihren irischen Sklaven, ins Land.[38]

---

[35] Vgl. Schledermann (2000), Wallace (2000) und Kuitems et al. (2022).

[36] Vgl. u. a. Venzke (2014).

[37] Einen knappen, aber guten Überblick vermittelt Karlsson (2010). Dieser Quelle sind auch die historischen Bevölkerungszahlen entnommen; vgl. aber auch Gläßer & Schnütgen (1986), Rosenblad & Sigurðardóttir-Rosenblad (1993), Hjálmarsson (1994), Líndal (2011), Schröter (2021) sowie Bjarnason (2022). Werke, die neben der Geschichte auch der isländischen Mentalität nachgehen, sind die von Walter (2011), Gehrmann (2016) und Magnusson (2024).

[38] Das isländische Volk gilt als das genetisch am besten untersuchte Volk der Welt, da beinahe die Hälfte aller Isländer freiwillig DNA-Proben zur Entschlüsselung ihres Erbgutes sowie Krankenakten für Forschungszwecke zur Verfügung gestellt hat. Auf diese Weise konnten nicht nur durch Inzucht innerhalb des isolierten Volkes entstandene Gendefekte erkannt und erklärt werden, sondern eben auch Angaben über die genetische Herkunft der ersten Siedler gewonnen werden (Podpregar 2015).

In der Folge entwickelt sich während des frühen Mittelalters ein Gemeinwesen, in dem freie Bauern – Sippenhäuptlinge, sog. Goden – ohne übergeordnete herrschaftliche Hoheit das Leben in ihren Regionen organisieren und sich einmal im Jahr zu einer für alle gesetzgebenden und Recht sprechenden Volksversammlung, dem sog. *Alþing*, auf den *Þingvellir* versammeln. Ein Vorläufer demokratischer Staatsorganisation; es ist die Zeit des isländischen Freistaates. Um die **Jahrtausendwende** werden von Island aus Grönland (durch *Eiríkur Rauði Þorvaldsson* = Erik, der Rote) und kurzfristig ein Stützpunkt auf Neufundland (durch *Leifur Eiríksson* = Leif, der Glückliche), also in Amerika, besiedelt sowie das Christentum angenommen. Danach übernehmen zunächst die Goden sowie ausländische Kleriker Priester- und Bischofsämter. Bis 1103 ist Island dem Erzbistum Hamburg-Bremen unterstellt. Der erste isländische Bischof (*Isleifur Gissurarsson*) wird in Bremen geweiht und gründet 1056 in Skálholt einen Bischofssitz, dem 1106 ein zweiter in Nordisland in Hólar folgt.

Die fehlende staatliche Exekutive führt in der **zweiten Hälfte des 12. Jahrhunderts** zu immer heftigeren Sippenauseinandersetzungen und politischer Instabilität. Anfang des **13. Jahrhunderts** gewinnt der norwegische König zunehmend mehr Einfluss. Letztendlich – nach blutigen Auseinandersetzungen – unterwirft sich Island **1264** dem norwegischen König und seiner regelnden Hand.

Über die Zeit der Landnahme, die Entdeckungsreisen nach Grönland und Amerika, die Periode des Freistaates und sein chaotisches Ende sowie die Unterwerfung unter die norwegische Herrschaft und deren Königsgeschichte berichten etliche, später verfasste historische Schriften und Familiensagas vom *Íslendingabók* und *Landnámabók* über die *Grænlendiga* und *Vinland Saga* bis zur *Laxdæla, Egils, Grettir, Reykdæla* oder *Njáls Saga* u. a. sowie die *Heimskringla* von *Snorri Sturlason*.[39] Sie alle gehören zum literarischen Kulturerbe der Menschheit!

Die norwegische Herrschaft dauert jedoch nicht lange. Gut einhundert Jahre später – **1397** – vereint die dänische Königin *Margarethe* die nordischen Königreiche in der Kalmarer Union. Von nun an ist Island bis zur Unabhängigkeit im Jahre 1944 dänisch.

Die isländische Bevölkerung wird im Jahr **1400** auf etwa 60.000 Einwohner geschätzt. Die „dänische" Zeit ist für Island über mehrere Jahrhunderte hinweg äußerst schwierig. Das Land wird wie eine Kolonie verwaltet. Innovationen bleiben aus, es herrscht bittere Armut. Hinzu kommen besondere Schicksalsschläge: **1402 bis 1404** und **1494 bis 1495** grassiert die Pest und rafft etwa 50 % der Bevölkerung hin. Die Handelsbeziehungen sind im **15. Jahrhundert** zu England („englisches Jahrhundert") und im

---

[39] Über die Literaturgeschichte Islands und ihren politisch-sozialen Kontext informiert sehr lesenswert Gudmundsson (2024).

16. Jahrhundert zur Hanse („deutsches Jahrhundert") bedeutsamer als zu Dänemark.

1530 bringt *Jón Matthíasson* die erste Buchpresse nach Island.

1536/37 wird in Dänemark und damit formal auch in Island die Reformation eingeführt. Jedoch hält sich auf dem Lande der katholische Glaube und der Widerstand gegen die dänische Herrschaft, bis **1550** *Jón Arason*, (katholischer) Bischof im nordisländischen Hólar, hingerichtet wird. Der frühe lutherische Protestantismus zieht religiösen Fanatismus und Hexenverfolgungen nach sich.

1627 überfallen nordafrikanische Piraten die Südküste und entführen viele Menschen als Sklaven. Ein Trauma in der isländischen Geschichte.

Das **17. und 18. Jahrhundert** sind geprägt vom dänischen, Island noch knebelnden Handelsmonopol und der dänischen Verwaltung. Zudem wird die Bevölkerung von Naturkatastrophen betroffen u. a. durch den Ausbruch der Lakispalte **1783 bis 1785**, in deren Folge mehr als 10.000 Isländer sterben. **1786** wird das dänische Handelsmonopol aufgegeben. In Reykjavík wird eine bescheidene industrielle Wollproduktion aufgebaut. Deren Förderer ist der erste in Island geborene Landvogt *Skúli Magnússon*, der als „Vater von Reykjavík" gilt.

Ab den **1830er-Jahren** entsteht eine isländisch-nationale, politische Bewegung. Der dänische König *Christian VII.* schlägt die Wiedereinrichtung des *Alþing* als Beratungsgremium vor; **1845** wird das neue Parlament, nun in Reykjavík ansässig, gegründet. Führer der isländischen Unabhängigkeitsbewegung wird der überwiegend in Kopenhagen lebende Sprachwissenschaftler *Jón Sigurðsson*. Die Bewegung wird befördert durch die Prosperität in Landwirtschaft und Fischfang im Land und dem zarten Beginn von Zentralität und Urbanität in Reykjavík, das sich als zukünftige Hauptstadt anbietet.

Ab **1850** gerät die bäuerlich geprägte Gesellschaft allerdings durch eine Verschlechterung des Klimas und eine Schafskrankheit in große Schwierigkeiten. Der Schafbestand sinkt um 40 %, die sozialen Gegensätze zwischen besitzenden Großbauern und verarmtem Proletariat nehmen zu. Etwa 20 % der Bevölkerung emigrieren in den **1880er-Jahren** vor allem nach Kanada und finden in Manitoba, besonders in Winnipeg, eine neue Heimat.

1871 stimmt der dänische König einem Gesetz zu, das Island als Teil des dänischen Königreiches Sonderrechte und finanzielle Unterstützung zusagt. **1874** wird das *Alþing* mit Gesetzgebungsfunktionen versehen. Es ist dies der erste Schritt zur Unabhängigkeit.

Ende des 19. Jahrhunderts entwickelt sich nach Aufhebung des dänischen Handelsmonopols der Außenhandel vor allem über Genossenschaften. Besonderer Wachstumsmotor wird die Seefischerei, in der viele Arbeitsplätze an Bord und an Land entstehen und deren Produkte in Großbritannien und darüber hinaus Absatz finden. Kleine Küstenorte erleben einen Boom.

Nicht zuletzt befördern Kredite der Staatsbank und die Einführung moderner Technik die Möglichkeiten der Umformung des Gemeinwesens: **1907** wird ein Grundschuldienst verpflichtend und **1911** die Universität gegründet. Seit **1894** gibt es eine Gewerkschaftsbewegung. **1915** wird das Wahlrecht für Frauen eingeführt. **1904** zählt die Bevölkerung von Reykjavík etwa 20.000 Menschen, was etwa einem Viertel der Bevölkerung Islands entspricht. Und **1920** leben mehr Isländer in städtischen Siedlungen als auf dem Land.

Nach dem Ersten Weltkrieg stimmt Dänemark **1918** zu, dass Island ein unabhängiger Staat wird, dessen Staatsoberhaupt allerdings nach wie vor der dänische König bleibt; in der Außenpolitik wird das Land durch Dänemark vertreten. Es entwickelt sich ein Gefüge politischer Parteien, das über Jahrzehnte hinweg von der Unabhängigkeitspartei, der Fortschrittspartei und den Sozialdemokraten bestimmt wird.

Der Zweite Weltkrieg bringt **1940** zunächst eine britische, ab **1941** eine US-amerikanische Besetzung; zwischenzeitlich sind 60.000 Soldaten im Land stationiert. Umfangreiche Bauaktivitäten lassen die Arbeitslosigkeit verschwinden, und der Lebensstandard steigert sich beträchtlich.

Nach einer Volksabstimmung wird am **17. Juni 1944** die Republik Island deklariert; *Sveinn Björnsson* wird erster Präsident. Seit **1946** ist das Land Mitglied der Vereinten Nationen und seit **1952** des Nordischen Rates.

Zu Beginn des Kalten Krieges scheitert eine Neutralitätspolitik. Das amerikanische Militär bleibt im Land, und Island wird – ohne eigene Streitkräfte – **1949** Gründungsmitglied der NATO. Die amerikanische Basis in Keflavík wird erst **2006** geräumt.

Ab **1950** weitet Island zum Schutz der marinen Ressourcen als wesentliche Grundlage seiner Ökonomie seine maritimen Hoheits- und Fischereigrenzen bis **1975** auf 200 Seemeilen aus und gerät dadurch in Konflikt mit Großbritannien („Kabeljaukrieg").

Die Nutzung von Hydro- und Geothermalenergie besonders zugunsten energieintensiver Industrieproduktionen wird ab **1969** ausgebaut.

1980 bis 1996 ist *Vigdís Finnbogadóttir* Präsidentin von Island. Sie ist weltweit die erste Frau, die zum Staatsoberhaupt eines Landes gewählt wird.

Eine zunehmend kapitalistisch orientierte Finanzpolitik mit der Privatisierung von Banken führt **Ende des 20. Jahrhunderts** zu einer beachtlichen Expansion der isländischen Wirtschaft, besonders des Bausektors. Im Zuge der internationalen Finanzkrise ab **2007** kollabieren allerdings isländische Banken, und der Staat steht am Rande des Bankrotts. Aus der Regierungskrise und Neuwahlen **2009** gehen die Sozialdemokratische Allianz und die Links-Grüne-Bewegung als Sieger hervor.

Bis **2024** besteht die Regierung aus einer Koalition von Unabhängigkeits- und Fortschrittspartei sowie Links-Grüner-Bewegung unter Führung von *Bjarni Benediktsson* (UP). Im November **2024** erfolgen vorgezogene

Neuwahlen, bei denen die Sozialdemokratische Allianz vor der Unabhängigkeitspartei und der liberalen Reformpartei führt und somit die Premierministerin *Kristrún Frostadóttir* stellt. Die Links-Grüne-Bewegung erhält keine Sitze mehr im Parlament.

Am **1. Januar 2023** lebten auf Island etwa 385.000 Menschen, zwei Drittel davon in der Metropolregion.[40] 2021 waren 17 % der Bevölkerung Immigrant*innen der ersten oder zweiten Generation; „die homogene isländische Gesellschaft ist in kurzer Zeit multikulturell geworden".[41]

---

[40] Vgl. *Statistics Iceland* (2024a).
[41] Vgl. Gudmundsson (2024, S. 470).

„Dunkle" Zeiten

Naturkatastrophen und Persistenz früherer ökologischer „Sünden"

3

Die „dunkle Zeit" Islands beginnt schon ab Anfang des 12. Jahrhunderts in der letzten Phase des Freistaates. Es kommt bis Anfang des 13. Jahrhunderts zur Machtkonzentration bei mehreren Familien oder Clans.[1] Diese sog. Godentümer profitieren u. a. auch von den von der Kirche eingeführten Abgaben, dem Zehnten, wenn sie attraktive Eigenkirchen errichten.[2] Kleinbauern stöhnen hingegen unter der Last. Etliche kriegerische Auseinandersetzungen kennzeichnen die Zeit. Bei der Schlacht von Sauðárkrókur im Skagafjörður beispielsweise – der größten auf isländischem Boden ausgefochtenen – zwischen dem Sturlungar-Clan einerseits und den Clans der Ásbirningar und Haukadælir andererseits stehen sich 1238 bzw. etwa 2700 Männer gegenüber. Abgesehen von den Verlusten an Menschenleben hat diese Zeit des Bürgerkrieges sicherlich auch – wie alle Kriege – ökonomische und ökologische Folgen: hier besonders die Vernachlässigung der Gebäudeinstandhaltung sowie der Heumahd und des Weideauf- und -abtriebs, Reduktion des Viehbestandes und Einschränkungen beim küstennahen Fischfang. Wahrscheinlich verbuschen die nicht gepflegten Wiesen.

Im Gegensatz zum europäischen Festland entstehen auf Island im Mittelalter auch keine städtischen Siedlungen; zu schlecht ist die allgemeine wirtschaftliche Situation.[3] Eine stark anwachsende Stadtbevölkerung hätte in dieser Situation auch gar nicht durch die überwiegend in Subsistenzwirtschaft lebende Landbevölkerung versorgt werden können.

In dieser Situation greift der norwegische König, der nach der Konsolidierung der Machtverhältnisse in Norwegen zunehmend Einfluss im nordatlantischen

---

[1] Karlsson (2010) führt für die erste Hälfte des 13. Jahrhunderts acht wichtige Machthaber an.

[2] Vgl. Líndal (2011).

[3] Im 11. Jahrhundert hebt der Bremer Chronist und Kleriker (Bischof) *Adam von Bremen* als eine Besonderheit Islands die Abwesenheit von Städten hervor („sie haben Berge anstelle von Städten"), und Mitte des 18. Jahrhunderts nennt der Gelehrte *Jón Ólafsson frá Grunnarvík* das Fehlen von Städten als Vorteil für Island, da so Seeräuber und Plünderer von der Insel ferngehalten würden (vgl. Gunnarsson, P. 2011).

Raum sucht, in die isländischen Konflikte ein. 1264 unterwerfen sich die isländischen Goden der einigenden norwegischen Staatsgewalt.

Die „norwegische Zeit", die Ruhe in die innerisländischen Konflikte bringen soll, endet nach mehr als hundert Jahren. Mit der Kalmarer Union zieht um 1400 die dänische Administration und später die von Dänemark betriebene Reformation auf Island ein. Diese dänische Regentschaft bringt Island letztendlich zunächst wenig Fortschritt. Das Land erlebt im Prinzip den Status einer Kolonie, die zu liefern hat und in die von Dänemark nur so viel investiert wird, wie zum dortigen Überleben notwendig ist.

„Überleben" ist für Isländer und Isländerinnen das Programm, besonders im 17. und 18. Jahrhundert!

Die anthropogene Abholzung, Vegetationsdegradation und Bodenerosion vom geschlossenen Birkenwald über Zwergstrauchheiden bis hin zum nackten Gletscherschutt oder Sand, die während der Landnahmezeit begonnen haben, schreiten ungebremst voran, weil ein *Circulus vitiosus* entsteht und nicht unterbrochen wird:

Die Verschlechterung der Klimabedingungen während der sog. „Kleinen Eiszeit",[4] die sich bereits ab Ende des 13. Jahrhunderts ankündigt und für das Wirtschaften bis Ende des 19. Jahrhunderts prägend und bedeutsam ist, führt zu höherem Druck auf die Hochweide und die das Winterfutter produzierenden Flächen im Tiefland und damit zu deren zunehmenden Überbeanspruchung. Die Milchviehwirtschaft mit der notwendigen sommerlichen Futterproduktion für den Winter wird weniger; Schafe sind bei Fernweidehaltung effektiver. Aber: Vegetationszerstörung und deflationsbedingte Erosionskanten, sog. *rofbards*, werden immer größer bzw. länger und fressen sich ins Land. An ihnen kann die Ausblasung besonders stark angreifen (s. Abb. 3.1 und 3.2). Aus kleinen Schäden werden größerflächige Erosionsgebiete, aus denen *„Boden, organisches Material, Nährstoffe und Samenbanken durch Wind- und Wassererosion abtransportiert wurden"*,[5] wohl insgesamt bis zu 30 Mio. t/J[6] und mit an vielen Stellen bis zu 20 cm/J fortschreitenden Erosionsfronten. Die durch die Degradation gestalteten Gebiete werden gelegentlich sogar als „schafgemachte Landschaften"[7] bezeichnet, obwohl

---

[4] Für die Ursachen der „Kleinen Eiszeit", während der es von 1450 bis 1850 in (Nord-)Europa zu einer drastischen Abkühlung um bis zu 2 °C kommt, werden sowohl eine Verringerung der Sonnenaktivität als auch besonders Vulkanausbrüche um 1250, die massive Atmosphärentrübungen zur Folge gehabt haben, verantwortlich gemacht (Miller et al. 2012). Verstärkte Meereisbildung und eine positive Phase der Nordatlantischen Oszillation mit der Südwärtsverlagerung der sommerlichen Packeisgrenze nordöstlich von Island sowie Zunahme von Stürmen im Nordatlantik beeinträchtigen den Verkehr zwischen Nordeuropa, Island und Grönland. Die isländischen Gletscher regenerieren und erreichen ihr holozänes Maximum (z. B. beim nordwestisländischen Drangajökull; vgl. Harning et al. [2016]); Vegetations- und Anbauhöhengrenzen sinken, und Anbauzeiten verkürzen sich (vgl. auch Behringer 2007, S. 103 ff., 123 ff.).
Diese Klimaveränderung ist allerdings noch nicht menschengemacht (vgl. Owens et al. 2017).

[5] Vgl. Würsch, Carle & Hunziker (2013, S. 12).

[6] Vgl. Runólfsson (1987), Arnalds, Ó. (2000) und Crofts (2011).

[7] Vgl. Dugmore & Buckland (1991).

3 ‚Dunkle' Zeiten

Abb. 3.1 Von massiver Bodenerosion betroffene Landschaft mit der Bildung von sog. *rofbards* in Nordostisland. (Foto: Jörg F. Venzke, Juli 1976), *Ex-3.1 (Bodenerosionslandschaft)*

Abb. 3.2 Von der Deflation übrig gelassener Bodenpilz mit verschiedenen Tephralagen, mit dem die Entwicklung der nacheiszeitlichen Lössdecke rekonstruiert werden kann. (Foto: Jörg F. Venzke, Juli 1976), *Ex-3.2 (Bodenpilz mit Tephralagen)*

natürlich der Mensch, nicht die Schafe – eingebunden in seine ökonomischen Zwänge – die Verantwortung dafür trägt.

Zunehmend werden die fortschreitende Degradation und Desertifikation den Bewohnern Islands bewusst und sorgen für Angst. In einer Gedichtzeile des isländischen Gedichtes „*Stúfur*" von Þórður Magnússon aus Strjúgur aus dem 16. Jahrhundert heißt es: „*Tatsächlich wird es nur einen Moment dauern, bis Island nicht mehr existiert.*" Aber für einen Schutz des Landes vor weiterer Degradation fehlen Mittel und Möglichkeiten.[8]

Die Verkehrswege durch die Hochlandgebiete werden nicht nur wegen der ungünstiger werdenden klimatischen Verhältnisse, sondern auch durch als vogelfrei erklärte Verbrecher und politische Opponenten, die dort in Existenznot Wegelagerertum betreiben, bedroht.[9]

Zudem werden die Schiffsverbindungen wegen des weiter in den Frühsommer hinein vorkommenden Treibeises und der häufigeren sommerlichen Stürme im Nordatlantik immer schwieriger, somit auch die Versorgungslage bei Getreide, eisernen Gerätschaften und Holz für Haus- und Schiffbau. Und – nicht zu vergessen – der Informationsaustausch ist stark eingeschränkt.

Besonders erschüttert wird die Bevölkerung darüber hinaus durch etliche katastrophale Ereignisse, die zu massiven Beeinträchtigungen der Lebensbedingungen und zu beträchtlichen Bevölkerungsverlusten führen. Es sind dies vor allem vulkanische Ereignisse sowie Epidemien von Krankheitserregern.

Hier einige Beispiele:
- Gegen Ende der Landnahmezeit, zwischen 934 und 940, kommt es zu gewaltigen Eruptionen, die die Eldgjá im südlichen Hochland schaffen, 18 km^3 Lava fördern und deren Ascheförderung auch in die hohe Atmosphäre nicht nur in Island, sondern ebenfalls über Nordwesteuropa zu kühlen Sommern und strengen Wintern führt. Es gibt zwar keine unmittelbaren Augenzeugen, aber möglicherweise hat dieses Ereignis u. a. die Einführung des Christentums zwei Generationen später befördert, weil es die „Macht" der heidnisch-germanischen Götter ins Wanken bringt.[10]
- 1104 eruptiert in Südisland die Hekla und wirft 2,5 km^3 Tephra über die Hälfte des Landes (Tephraschicht H1). Besonders betroffen ist das Þjórsárdalur, wo alle Höfe vernichtet werden – auch die Hofanlage von Stöng (s. Abb. 5.8), die

---

[8] Vgl. Crofts (2011).

[9] Natürlich kennen die isländischen Bauern das nicht besiedelte Hochland seit der Landnahmezeit. Dort weiden im Sommer ihre Schafe in standortgünstigen oasenartigen Vegetationsflecken. Dort werden sie gemeinschaftlich und im Herbst aufwendig gesucht und in die Winterquartiere im Tiefland getrieben … oder zur Schlachtung.
Aber das nahezu vegetationslose Hochland mit seinem harschen Klima und seinen fast unbegehbaren Lavafeldern, trockenen Asche- und Grundmoränenflächen und wenigen Wasserstellen bleibt in der Wahrnehmung unwirtlich und furchterregend. Besonders im 18. Jahrhundert, als Straftäter von der dänischen Gerichtsbarkeit gelegentlich als vogelfrei Erklärte ins Hochland verbannt werden, wird der dortige Aufenthalt gefürchtet und gemieden.

[10] Vgl. Oppenheimer et al. (2018).

in der Gegenwart wieder ausgegraben und erforscht worden ist. Die Region bleibt danach unbewohnt. In Europa wird der Gipfel der Hekla offiziell als das „Tor zur Hölle" deklariert.
- Im Jahr 1241 bringt ein dänisches Schiff das Pockenvirus auf die Insel; nach wenigen Wochen sind 20.000 Menschen tot, was etwa 40 % der damaligen Bevölkerung entspricht. Dieses Schicksal zeigt, wie katastrophal der Kontakt mit dem Pockenvirus für eine Population, die über keinerlei Immunität dagegen verfügt, ist.[11]
- Der mit gut 2100 m höchste Vulkan Islands, der vergletscherte Hvannadalshnúkur, bricht 1362 in einer gewaltigen Eruption aus, die etwa 10 km³ Tephra fördert und damit fast den ganzen Südosten der Insel bedeckt. Vor der Küste können Schiffe kaum durch die schwimmende Bimsasche segeln. 42 Höfe werden durch den Aschefall und Gletscherläufe[12] vernichtet, etwa 400 Menschen sterben. Erst 40 Jahre nach dem Ereignis wird die Region wieder besiedelt; man nennt für sie nun *Öræfi,* was eigentlich „Land ohne Hafen" heißt, heute aber synonym ist „Wüste" oder „Einöde". Folglich trägt seitdem der größte isländische Gletscher nördlich davon den Namen Öræfajökull.[13]
- In den *Flateyar annálar* wird berichtet, dass 1380[14] sechs Schiffe die Beulenpest aus Norwegen, wo sie seit einem Jahr grassiert, nach Island bringen und sie sich über das ganze Land ausbreitet.
- Und noch von zwei weiteren Pestepidemien wird berichtet: 1402 bis 1404, bei der etwa die Hälfte der Bevölkerung gestorben sein soll, und 1494 bis 1495.[15] Diese hohen Sterberaten werden jedoch bezweifelt und auch andere Ursachen für einen Bevölkerungsrückgang in Erwägung gezogen.[16] Noch 40 Jahre nach der ersten Pestepidemie sind 20 % der Hofstellen verlassen, jedoch nimmt die Bevölkerung wieder um 40 % zu.[17]
- 1660 kommt es in Südisland zu einem der zahlreichen Eruptionen der Katla, die unter dem Mýrdalsjökull liegt und einen gewaltigen Gletscherlauf produziert, der ein Kirchspiel vernichtet. Daraufhin werden etliche Höfe auf dem Mýrdalssandur aufgegeben.

---

[11] Vgl. Gerste (2022).

[12] Ein Gletscherlauf (isl.: *jökulhlaup*) ist ein bei subglazialen Vulkanausbrüchen plötzlich austretender Schmelzwasserabgang riesigen Umfangs mit großem Zerstörungspotenzial.

[13] Sigurður Þórarinsson schildert 1959 in einem bemerkenswerten Vortrag und Aufsatz auf der Grundlage seiner regionalhistorischen und kulturlandschaftlichen Kenntnisse sowie tephrochronologischen Studien den jahrhundertelangen „Kampf" der Menschen südlich des Öræfajökull – weitestgehend isoliert vom Rest Islands – gegen die Naturgewalten. Der ursprünglich *Hérad* genannte Siedlungsweiler wird im Juni 1362 durch eine Eruption des Vulkans und einen Gletscherlauf vernichtet, die Höfe später aber wieder aufgebaut (vgl. Þórarinsson 1959).

[14] Eine andere Quelle, das *Lögmannsannáll,* nennt dafür das Datum 1378.

[15] Vgl. Karlsson & Kjartansson (1994) und Karlsson (2010).

[16] Vgl. Callow & Evans (2014).

[17] Vgl. Karlsson (2010).

- Besonders verheerend ist die etwa sieben Monate dauernde Eruptionsphase der Hekla 1693, nicht zuletzt wegen der vermutlich massiven Fluorgasvergiftungen beim Weidevieh.
- 1707 bis 1709 wüten die Pocken; die Bevölkerungszahl sinkt auf 37.000 Menschen.
- Während der sog. Mývatn-Feuer 1724 bis 1729 fördert die Krafla in Nordisland Lava, die das Nordufer des Mývatn erreicht und dort zur Aufgabe von mehreren Hofstellen zwingt.
- 1783/84 ereignet sich in Südisland ein katastrophaler Vulkanausbruch: Aus der Laki-Spalte fließen 15 km^3 Lava ins Tiefland und zerstören etwa 400 Höfe, giftige Gase töten zahlloses Vieh. Durch die folgende Hungersnot kommt etwa ein Fünftel der damaligen Bevölkerung ums Leben. Allerdings erreicht die Bevölkerungszahl 1801 mit etwa 47.000 Menschen schon fast wieder das alte Niveau von 1703.

Die dänischen Kolonialherren ziehen als Folge des Laki-Eruption tatsächlich in Erwägung, die verbliebene restliche Bevölkerung nach Westjütland umzusiedeln.[18] Dies scheitert aber an der Willenskraft, dem Durchhaltevermögen und dem Nationalstolz der Isländer.

Der Laki-Ausbruch hat aber auch europaweite Auswirkungen. Durch die Emission großer Mengen Asche und Schwefelaerosolen liegt im Sommer 1783 ein dunstiger Nebel vor der Sonne, man spricht von einem „Blutsommer". Bei gleichzeitig hohen Temperaturen kommt es auch in Europa infolge der giftigen Gase und geringeren Sonneneinstrahlung zu vielen Todesfällen, Missernten und Hungersnöten. Auch der nachfolgende sehr kalte Winter 1783/84 fordert zahlreiche weitere Todesopfer. Manche Historiker sehen in der durch den Ausbruch der Laki-Spalte in Frankreich verursachten Hungersnot und die sich dadurch ergebenden Missstände eine treibende Kraft für die Auslösung der französischen Revolution.

Die Lebensbedingungen der isländischen Bevölkerung werden durch diese Naturkatastrophen, von denen es noch viele mehr bis in die Gegenwart gibt, immer wieder beträchtlich getroffen. Die Auswirkungen sind vielleicht volkswirtschaftlich höher als in irgendeiner anderen Gesellschaft auf der Erde!

Sie werden allerdings auch durch die Lasten, die ihnen die dänische Obrigkeit aufbürdet, deutlich verstärkt. Einerseits wird die ökonomische Situation zusätzlich stark strapaziert, andererseits wird das Land wenig nach außen geschützt. Im 15. Jahrhundert werden die isländischen Seegebiete vor allem von englischen Fischern stark befischt; hundert englische Schiffe pro Jahr werden genannt.[19] Allerdings verkaufen Isländer selbst gefangenen Trockenfisch (s. Abb. 3.3) auch an englische und deutsche Händler und profitieren vom Import europäischer „Luxus"-Güter. Nach der vom dänischen König 1536 eingeführten kirchlichen Reformation und einer lutherischen Kultur – bei großem Widerstand der Bevölkerung – fallen viele Besitztümer der katholischen Kirche an den Staat. Jedoch bleibt Island

---

[18] Vgl. Magnusson (2024) und auch Birgisson (2020), der in seinem Roman *Quell des Lebens* eindrücklich diese schweren Zeiten der isländischen Geschichte beschreibt.

[19] Vgl. Karlsson (2010).

3 ,Dunkle' Zeiten

Abb. 3.3 Trockenfisch als Exportgut in katholische und muslimische Gebiete des Mittelmeerraumes. (Foto: Hilke Steinecke, Juni 2008), *Ex-3.4 (Trockenfisch)*

ein „ungeschütztes Land"; der dänische Schutz nach innen wie nach außen ist unzulänglich.[20] Beispielsweise werden 1627 die Westmännerinseln Ziel eines Angriffs algerischer Piraten; 370 Isländerinnen und Isländer werden als Sklaven verschleppt. Ihre Nachkommen kehren teilweise erst nach mehreren Generationen nach Island zurück.[21]

Die Menschen kämpfen am Limit. Die Natur, die Obrigkeit und äußere Akteure setzen sehr klare Grenzen. Man schließt die Augen vor den absehbaren Folgen der natürlichen und menschengemachten Umweltumstände. Die Bodenerosion und Vegetationsdegradation schreiten weiter voran und mindern das landwirtschaftlich nutzbare Potenzial. Man flüchtet sich in Jenseitsutopien. Die Gesellschaft differenziert sich zunehmend mehr in wohlhabende Großbauernfamilien, die mit der Situation mehr oder weniger gut umgehen und sogar Profit daraus ziehen können, und Habenichtse und Rechtlose. Unliebsame Mitmenschen werden denunziert, als Hexen hingerichtet oder als Vogelfreie ins Hochland ausgestoßen, wo sie kaum einen Winter überleben[22] (s. Abb. 3.4).

Die Architektur der Gehöfte der Großbauern drückt diese Differenzierung der Gesellschaft aus. Ihre Torf-/Grassoden-Häuser werden komplexer, weisen mehr separate Abschnitte auf und bekommen respektable, hölzerne Fassaden, eine Entwicklung, die sich schon in der Zeit des Freistaates andeutet und bis ins frühe 20. Jahrhundert Bestand hat[23] (s. Abb. 3.5).

---

[20] Vgl. Karlsson (2010).

[21] Vgl. Hjálmarsson (1994).

[22] Vgl. Fußnote 9.

[23] Der Hauskomplex von Keldur in den Ragnárvellir aus dem 13. Jahrhundert ist nicht nur das älteste noch existierende Gebäude Islands, sondern zeigt auch die Entwicklung zu mehr getrennten, jedoch unter einem Dach verbundenen Funktionsräumen und mehr aus Importholz gestalteten Giebelfassaden (vgl. UNESCO World Heritage Convention 2025).

Das Anwesen von Glaumbær im Bereich des Skagafjörður – mit seinen Hausfassaden als Museumsstandort bekannt – geht in seiner heutigen Form zwar auf das frühe 19. Jahrhundert zurück. Die Hofstelle ist jedoch von *Thorfinn Karlsefni* und seiner Ehefrau *Guðriður Þornbjarnsdóttir* bereits während der Landnahmezeit begründet worden.

Abb. 3.4 Vollständig devastiertes Hochland im Bereich der Missetäterwüste in Nordostisland. (Foto: Jörg F. Venzke, August 1979), *Ex-3.3 (Hochlandwüste)*

Abb. 3.5 Sehr reicher, aus Torfsoden gebauter Pfarrhof mit Holzgiebeln aus dem 19. Jahrhunderts in Glaumbær in Nordisland. (Foto: Hilke Steinecke, Juni 2007), *Ex-3.5 (Torfgehöft Glaumbær)*

Aufbruch in die Neuzeit

Die isländische Gründerzeit

4

Die Jahrhunderte des späten Mittelalters und der frühen Neuzeit sind eine schlimme Zeit für die isländische Bevölkerung gewesen.

Doch ab Mitte des 18. Jahrhunderts wird klar, dass nur eine eigene Verarbeitung der Produkte des Landes den Weg aus der Armut einleiten kann. Um die Wende vom 18. zum 19. Jahrhundert nimmt auch die Bevölkerung wieder zu; besonders küstennahe Orte profitieren dabei von der sich abzeichnenden wirtschaftlichen Wende.

So kommt es nun auch in Reykjavík zu ersten zarten Urbanisierungsansätzen durch die Ansiedlung und Bündelung wirtschaftlicher, administrativer, kultureller und kirchlicher Institutionen und Infrastrukturen. Zwischen 1752 und 1762 werden in Reykjavík durch *Skúli Magnússon*, dem ersten von Dänemark eingesetzten einheimischen Landvogt, erste frühindustrielle Wollmanufaktur- sowie später auch Fisch- und Schwefelverarbeitungsbetriebe errichtet.[1]

1786 erhält Reykjavík zusammen mit fünf anderen Handelsorten im Zuge der Lockerung des königlichen Handelsmonopols durch die Anerkennung als legaler und selbstständiger Handelsort Stadtrechte. Einen überregionalen Bedeutungsgewinn erfährt Reykjavík schließlich 1800 durch die Zusammenlegung der beiden Bischofssitze von Hólar und Skálholt, der wegen der dort herrschenden großen Erdbebengefahr bereits ab 1784 von hieraus verwaltet wird. Bischofskirche wird die 1796 gebaute Domkirche. Auch das wiederhergestellte *Alþing* zieht 1845 aufgrund von Erdbebenaktivitäten von Þingvellir nach Reykjavík um.[2]

Trotz dieser Akkumulationen von Funktionen bleibt Reykjavík infolge der allgemein schlechten wirtschaftlichen Situation in Island anfänglich weiterhin ein eher unbedeutendes Handels- und Fischerdorf mit wenigen hundert Einwohnern. Unter dem Einfluss der Laki-Katastrophe (vgl. Kap. 3), der napoleonischen

---

[1] Vgl. Líndal (2011).
[2] Vgl. Arnalds, E. S. (1989) und Valsson (2004).

© Der/die Autor(en), exklusiv lizenziert an Springer-Verlag GmbH, DE, ein Teil von Springer Nature 2025
J. F. Venzke und K. Steinecke, *Umweltgeschichte Islands*,
https://doi.org/10.1007/978-3-662-71279-5_4

Kriege, neuer, durch See- und Kaufleute eingeschleppter Seuchen (u. a. Syphilis), Stadtbränden und schließlich der Angst der Bauern, unbezahlte Arbeitskräfte an die Manufakturen in Reykjavík zu verlieren, verfällt das sich entwickelnde neue Siedlungszentrum zunächst wieder.[3] Die Bevölkerungszahl sinkt auf unter 400, da aufgrund der allgemeinen Notlage nur gesunden und einigermaßen wohlhabenden Isländern, die sich durch Handwerk, Fischfang oder Landwirtschaft selbst versorgen können, ein Aufenthaltsrecht gewährt wird. Alle weiteren Bewohner werden zurück in ihre Heimatorte geschickt.[4]

Das frühe 19. Jahrhundert ist dann aber endlich eine Zeit des Wachstums und verspricht zunächst bessere Lebensbedingungen. Nach 1814 nimmt die isländische Bevölkerung um 30 % zu. Der Bestand an Rindern wächst um ein Viertel, und der Schafbestand, die Grundlage der Landwirtschaft, verdoppelt sich auf eine halbe Million Tiere, sicherlich begünstigt durch eine relativ milde Klimaphase in den 1840er- und 1850er-Jahren. Großbauern können sich wieder Importgüter leisten.[5]

Jedoch: In den 1860er-Jahren dezimiert der Schafswundschorf den isländischen Schafbestand um 40 %. Außerdem bringt die „Kleine Eiszeit" Ende des Jahrhunderts weitere Kältephasen mit entsprechenden Auswirkungen für die Landwirtschaft und enormen Versorgungsengpässen für die Bevölkerung. Die physischen, aber auch die politischen Rahmenbedingungen differenzieren die Gesellschaft.[6]

Die wirtschaftlichen Schwierigkeiten, besonders für die Kleinbauern, sind immens. Kartoffeläcker zur Selbstversorgung werden angelegt.[7] Etliche Familien emigrieren nach Kanada. In der Prärie Manitobas entsteht ein Cluster isländischer Immigranten. Mit der Auswanderungswelle, die in den 1880er-Jahren ihren Höhepunkt erreicht, verlassen etwa 15.000 Menschen, etwa 20 % der Bevölkerung, ihre isländische Heimat.[8] Welch ein Aderlass! In diese Situation fällt erneut eine Naturkatastrophe. Der Ausbruch der Askja nördlich des Vatnajökull gilt als die drittgrößte Eruption in historischer Zeit in Island. 1875 werden fast der gesamte Nordosten und auch die östlichen Seegebiete von Bimsasche bedeckt.[9] Die höchstgelegenen 15 Höfe auf der Jökulsdalsheiði werden aufgegeben; die Bewohner wandern aus.

Die ökonomische Transformation der Gesellschaft beruht sicherlich zum einen auf den politischen Rahmenbedingungen, aber auch auf den durch die Landesnatur bedingten Einschränkungen. Hier einige der ökonomischen und umweltrelevanten

---

[3] Vgl. Líndal (2011).

[4] Fünf andere mit Bürgerrechten ausgestattete Handelsorte verlieren schließlich ganz ihren Status als Handelsort (vgl. Líndal 2011).

[5] Vgl. Karlsson (2010). Die seit der Landnahmezeit existierende Hofstelle Glaumbær im Skagafjörður mit ihren hölzernen Schmuckgiebeln aus den 1880er-Jahren ist ein Beispiel dafür (s. Abb. 3.5).

[6] Ein eindrucksvolles Bild dieser Transformationszeit bietet der Roman *Sein eigener Herr* von Halldór Laxness aus dem Jahr 1934/35 (vgl. Laxness 2017).

[7] Vgl. Siggeirsson (1978)

[8] Vgl. Karlsson (2010)

[9] Vgl. Thordarson & Höskuldsson (2014, S. 171 ff.).

Aspekte dieses Wandlungsprozesses gegen Ende des 19. und zu Anfang des 20. Jahrhunderts:

- Größere Hofstellen mit mehr ökonomischem Potenzial können den technischen Fortschritt dieser Zeit nutzen: Einzelne Bauern mit günstiger topographischer Hoflage installieren an Bergbächen kleine Staustufen mit Turbinen zur Gewinnung von elektrischer Energie für die Beleuchtung des Hauses. Es ist der Beginn der Elektrifizierung des Landes!
  In Hafnarfjörður wird 1904 das erste Wasserkraftwerk in Betrieb genommen.[10]
- Für die Seefischerei ist in der zweiten Hälfte des 19. Jahrhunderts die Einführung von gedeckten Schonern bedeutsam, die es erlauben, länger als mit den offenen Booten auf See zu bleiben und größere Fangmengen zu erbeuten. Dies können nur potente Privatinvestoren finanzieren; es ist „die erste Stufe des Kapitalismus in Island".[11] Allerdings wird der Heringsfang bis zur Jahrhundertwende noch von norwegischen Fischern dominiert, bei der auch Ringwadennetze zum Einsatz kommen.

Als Beginn der Technisierung in der isländischen Fischereiwirtschaft und damit einer gewaltigen gesellschaftlichen Transformation mag 1902 der Einbau eines zwei PS starken Paraffinmotors aus Dänemark im bis dahin mit sechs Ruderern ausgestatteten Boot „Stanley" in Ísafjörður gelten. Innerhalb von 30 Jahren geht die Anzahl von nichtmotorisierten Booten von etwa 2000 auf 170 zurück; 1930 gibt es mehr als tausend motorbetriebene Schiffe.[12] Die Möglichkeit der größeren Reichweite, des größeren Fangs und der vermehrten Anlandung von Fisch, mittlerweile nicht nur zur Eigenversorgung, sondern auch für den europäischen Markt, befördert verständlicherweise die meist nur saisonale Zunahme der Bevölkerung in Küstenorten, besonders durch die dortigen Beschäftigungsmöglichkeiten in der Fischerei bzw. den Fisch verarbeitenden Betrieben. Diese Entwicklung beschreiben die folgenden Fangmengen: 62.500 t (1905), 80.400 t (1920) und 216.700 t (1930). Die Weltwirtschaftskrise verursacht einen Rückgang auf 113.800 t (1939).[13]

Im nordisländischen Siglufjörður, in den 1930er-Jahren die „Welthauptstadt der Heringfischerei" oder das „Klondike des Atlantik", wo zeitweise über ein Fünftel des gesamten in isländischen Gewässern gefangenen Herings angelandet wird, wird mit den Exporteinnahmen in den 1930er-Jahren die ökonomische Grundlage für die spätere Unabhängigkeit des Staates erwirtschaftet.

Mit allem, was dazu gehört: saisonal auf dem gnadenlosen Nordatlantik operierende Schiffe mit ihren hart arbeitenden männlichen Besatzungen und den saisonal

---

[10] Vgl. Hjálmarsson (1994, S. 128).
[11] Vgl. Karlsson (2010, S. 47).
[12] Vgl. Karlsson (2010, S. 52).
[13] Vgl. *Ministry of Food, Agriculture and Fisheries* (2024b).

ebenso hart arbeitenden weiblichen Arbeitskräften in den Fischfabriken – und guten Verdienstmöglichkeiten. Über 400 Fangfahrzeuge laufen hier im Sommer ein und aus, über 1300 junge Frauen salzen am Ort den Fisch in 23 Salzstationen ein. Das Salz muss importiert werden. Neben Siglufjörður leben auch 17 weitere Küstenorte vom Heringsfang.[14] Darunter auch Neskaupstaður in Ostisland, in dem sich unter dem Einfluss der Arbeiterschaft in den heringsverarbeitenden Betrieben von 1930 über 50 Jahre lang ein russlandtreuer kommunistisch-sozialistischer Führungs- und Gemeinschaftsgeist durchsetzt, der diesem Ort in Island den Beinamen „Klein-Moskau" einbringt.

Aber nicht nur isländische Fischer profitieren von den reichen Fischgründen der Küstengewässer. Der internationale Wettbewerb um die isländischen marinen Ressourcen nimmt Fahrt auf; britische, norwegische, deutsche und niederländische Dampftrawler nutzen sie ab den 1890er-Jahren massiv aus. Nationale Regularien zum Schutz der heimischen Fischbestände gibt es noch nicht.

Die Befischung der isländischen Gewässer bringt diese an ihre ökologische Belastungsgrenze, vor allem, als ab 1905 mit Trawlern Schleppnetzfischerei betrieben wird. 1930 sind 41 isländische Dampftrawler unterwegs, die segelgetriebenen Schoner hingegen sind verschwunden.

- Walfang bzw. Nutzung von gestrandeten Walen hat immer eine – allerdings nur geringe, gelegentliche – Rolle in der isländischen Subsistenzwirtschaft gespielt. Das Walfleisch als Nahrungsmittel ist allerdings in der Vergangenheit begehrt gewesen.
- In der zweiten Hälfte des 19. Jahrhunderts kommen ausländische, besonders norwegische Unternehmen nach Island und betreiben küstennahen Walfang. Er dient nur der Gewinnung von Öl, wie er es schon seit Jahrhunderten im nordatlantischen pelagischen Walfang getan hat. Grund dafür ist der beträchtliche Rückgang der überbejagten Bestände an Blau- und Finnwalen (*Balaenoptera musculus* und *B. physalius*) und des Walrosses in nordnorwegischen Seegebieten. Die isländischen Gewässer versprechen nun mehr Gewinn.[15] Nach anfänglichen Fehlschlägen in den 1860er-Jahren erweist sich eine vollkommen neue Jagdmethode des Norwegers *Svend Foyn*, nämlich die Kombination aus schnellen motorisierten Jagdbooten und der explosiven Granatenharpune, als äußerst effektiv. Die ersten Fangstationen liegen Anfang der 1880er-Jahre im Álftarfjörður in Nordwestisland und im Nordfjörður im Osten. Von 1889 bis 1903 kommen neun weitere norwegische Walfanggesellschaften mit Stationen besonders im Nordwesten und Osten hinzu. Auch eine deutsche Gesellschaft unterhält ab 1903 für zwei Jahre eine Walfangstation im Fáskrúðsfjörður. Die „Hochzeit" liegt Anfang des 20. Jahrhunderts; 1902 werden 1302 Blau- und Finnwale und zunehmend auch Buckelwale erlegt. Bis Ende des 19. Jahrhunderts leuchten in ganz Europa nachts mit isländischem Waltran betriebene Straßenlaternen. Weiterhin dient Waltran der Herstellung von Margarine,

---

[14] Vgl. *The Herring Era Museum* (o. D.)
[15] Man könnte dies als Wanderfischfang mit dem Wanderfeldbau in den Tropen analogisieren: Ist eine Ressource überwiegend ausgebeutet und erschöpft, zieht man weiter.

Seifen, Kerzen, Kosmetika sowie Schmiermitteln. Es entstehen zwar etwa 1200 saisonale Arbeitsplätze für die isländische Bevölkerung; die Gewinne fließen allerdings an die ausländischen Gesellschaften. Somit ist der Walfang in isländischen Gewässern sowohl ökologisch als auch ökonomisch für das Land wenig nachhaltig. 1913 verfügt das isländische *Alþing* ein totales Fangverbot, um die heimischen Walpopulationen zur eigenen „Nutzung" zu schützen.[16]

- Norwegische Gesellschaften ziehen sich zurück, betreiben aber Anfang der 1930er-Jahre in isländischen Gewässern mit Mutterschiffen und Fangschiffen pelagischen Walfang und erlegen knapp 250 Blauwale und knapp 2400 Finnwale.[17] Ab 1935 nimmt ein isländisches Unternehmen vom Talknafjörður im Nordwesten wieder küstengestützten Walfang auf; mit dem Beginn der Zweiten Weltkrieges kommt er jedoch zum Erliegen.

- Die Vernichtung des natürlichen Birkenwaldes schreitet voran und nimmt im 19. und frühen 20. Jahrhundert dramatische Ausmaße an. Mitte des 20. Jahrhunderts wird der Waldbestand auf nur noch 0,5 bis 1 % der Landesfläche geschätzt. Eine fast vollständig waldlose Landschaft prägt bis heute das Bild Islands. Um die Jahrhundertwende entwickeln sich Aktivitäten, die gegensteuern wollen: 1899 beginnt bei *Þingvellir* mit dem Pflanzen von Kiefern die zunächst noch sehr zögerliche Aufforstung, und das *Alþing* erlässt ein Gesetz zum Schutz der Birkenwälder des *Hallormstaðaskógur* in Ostisland, was als der Beginn des Naturschutzes in Island gilt (vgl. Kap. 6.7). 1905 bis 1908 werden dort etwa 250 ha eingezäunt und in einem Arboretum über 70 verschiedene landesfremde Baumarten angepflanzt. 1907 beschließt das isländische Parlament den „Forestry and Soil Conservation Act" und begründet ein Jahr später den „*Skógrœktin*" (*Icelandic Forestry Service*), der sich vornehmlich um den Schutz der noch bestehenden Birkenwälder, aber auch um Aufforstungen mit alaskischen Baumarten wie Sitkafichte oder Hemlocktanne (*Picea sitchensis* bzw. *Tsuga heterophylla*) kümmert.[18]

- Nicht trennbar vom Problem der Vegetationszerstörung ist die massive Bodenerosion zu sehen, die seit den Zeiten der Landnahme Islands dem Land eine der wichtigsten Ressourcen nimmt. Der Verlust an im Boden gespeicherten Kohlenstoff seit der Landnahmezeit wird auf bis zu 500 Mio. t geschätzt.[19] Die vulkanischen Böden – Andosole – sind nach Entblößung der schützenden Vegetation äußerst stark der fluvialen und besonders äolischen Erosion ausgesetzt. Wüstenhafte Bedingungen prägen besonders das Hochland und seine Randbereiche zur Ökumene.[20] Anfang des 20. Jahrhunderts bringen schwere

---

[16] Vgl. Lindeman (1869), Whitaker (1984) und Venzke (1986a).

[17] Vgl. Jónsson (1965).

[18] Vgl. *Skógrœktin/Icelandic Forestry Service* (o. D.).

[19] Vgl. Eddudóttir, Erlendsson & Gísladóttir (2020).

[20] Venzke (1984) führt bzgl. der wüstenhaften Regionen Islands den Begriff „Desertifikation" in die entsprechende Diskussion ein. Geprägt hat ihn 1949 André Aubréville, allerdings mit Blick auf die afrikanischen Sahelgebiete. Schon 20 Jahre früher benutzt Schwarzbach den Begriff „edaphisch bedingte Wüste" (vgl. Schwarzbach 1964; vgl. auch Arnalds, Ó. 2015).

Sandstürme im Süden des Landes das Phänomen, das seit Jahrhunderten bekannt ist, mehr ins Bewusstsein der Bevölkerung. 1907 beschließt das Parlament die Einrichtung des „*Landgrædslan*" (*Soil Conservation Service*), der seit 1927 seinen Sitz in Gunnarsholt in Südisland hat. Es werden gesicherte Schutzgebiete ausgewiesen, technische Möglichkeiten zur Reduktion der Deflation an den *rofbards* erprobt und erosionshemmende Pflanzen angesät bzw. angepflanzt wie z. B. Strandroggen.[21]

Um die Jahrhundertwende beträgt die Einwohnerzahl von Reykjavík, das zum Magnet für die Peripherie wird und sich zur nationalen Metropole entwickelt, bereits deutlich über 6000. Sie liegt 1910 bei etwa 11.500 Menschen. Noch vor dem Ersten Weltkrieg entstehen in Reykjavík städtische Infrastrukturen: 1909 werden Wasserleitungen und eine Kanalisation verlegt, 1910 entsteht ein Gaswerk, und ab 1913 wird der Hafen gebaut. In der durch Holzhäuser geprägten Stadt entstehen erste aus Beton gebaute Gebäude. Straßen – bislang Reitwege – werden auch außerhalb des Ortes als Schotterpisten befestigt. 1904 rollt das erste Automobil.

Anfang des 20. Jahrhunderts lebt ein Viertel der isländischen Bevölkerung – etwa 20.000 Menschen – in städtischen bzw. stadtartigen Küstensiedlungen. Es sind vor allem die Nutzung bzw. Ausbeutung der marinen Ressourcen und die Verarbeitung und der Handel mit landwirtschaftlichen Produkten, verbunden mit externen technologischen Innovationen, die gegen Ende des 19. und im ersten Drittel des 20. Jahrhunderts die gründerzeitlichen ökonomischen und gesellschaftlichen Entwicklungen in Island vorantreiben.

Box 2 Die Aufklärung lässt grüßen!

Forschungsreisende erkunden die Landesnatur

Der Geist der Aufklärung weht in den erdwissenschaftlichen und ökologischen Wissenschaften – in großem Maße befördert durch die Forschungsreisen von *Alexander von Humboldt* (1769–1859) und seine Erkenntnisse und Veröffentlichungen – in Island erst recht spät. Im Folgenden werden für die Erforschung der isländischen Landesnatur wichtige Personen kurz genannt, ihre wichtigen Schriften jedoch nicht zitiert.

Der Arzt **Sveinn Pálsson** (1762–1840) betreibt zwar bereits Ende des 18. Jahrhunderts umfangreiche Studien zu den Gletschern und Vulkanen Islands. Seine bedeutsame Schrift, 1795 der Dänischen Gesellschaft für Naturgeschichte vorgelegt, findet allerdings über hundert Jahre keine Beachtung; Island ist für Dänemark „Peripherie".

Der deutsche Chemiker **Robert Wilhelm Bunsen** (1811–1899) besucht 1846 im Auftrag der dänischen Regierung Island und erforscht u. a. den Mechanismus des Großen Geysirs.

---

[21] Vgl. Arnalds, Ó. (2000) und Crofts (2011).

Box 2 Die Aufklärung lässt grüßen!

Þorvaldur Thoroddsen (1855–1921) führt Ende des 19. Jahrhunderts umfangreiche Expeditionen und Studien zur Geologie und Vulkanologie des Landes durch und veröffentlicht 1897/98 und 1905/06 beachtliche Monographien zur Geographie und Geologie Islands.

Wenig später – 1907 – verunglücken der deutsche Geologe **Walther von Knebel** (1880–1907) und der Expeditionsmaler *Max Rudloff* bei der Erforschung der Askja-Caldera tödlich. **Hans Reck** (1886–1937) veröffentlicht 1912, sozusagen als von Knebels Nachlass, eine umfangreiche „naturwissenschaftliche Studie" zu Island. **Hans Spethmann** (1885–1957) verfasst 1909 bereits als junger Student eine Promotionsschrift über vulkanologische Forschungen im östlichen Zentralisland.

Gleichzeitig bereist **Daniel Bruun** (1856–1931), dänischer Marineoffizier und Völkerkundler das Land, erforscht von 1890 bis 1920 u. a. den Sprengisandur und Kjalvegur und gilt als erster wissenschaftlicher Archäologe in Island.

Auch **Alfred Wegner** (1880–1930), deutscher Meteorologe und Geologe, bereist Island. Er nutzt die Insel 1913 für einen Zwischenstopp und zum Kauf von robusten Islandpferden vor seiner zweiten Grönlandfahrt. Zudem lässt er noch kurz vor seinem Tod 1930 auf Island wie an mehreren weiteren Stellen im Bereich des Nordatlantiks Vermessungssäulen errichten, mit denen er seine Theorie der Kontinentalverschiebung weiter untermauern möchte. Eine dieser Säulen ist heute noch im Stadtgebiet von Garðarbær zu sehen.

Steindór Steindórsson (1902–1997), Lehrer und Botaniker, beschäftigt sich seit den 1930er-Jahren über Jahrzehnte hinweg mit der Vegetation Islands und erarbeitet eine Florengeschichte der Insel.

Sigurður Þórarinsson (1912–1983) verfasst nicht nur weit über tausend Schriften zu Islands Geologie, Geographie, Geschichte und Volkskunde, sondern hat auch 1944 die Tephrochronologie, die Wissenschaft von der Datierung von Sedimentschichten mithilfe von Vulkanascheablagerungen, begründet. Darüber hinaus schreibt er über das wüstenhafte *Ódáðahraun,* wendet die Tephrochronologie bei der Rekonstruktion der Landschaftsgenese im Bereich des Mývatn an und veröffentlicht eine bemerkenswerte Studie über die Lebensgemeinschaft der lange Zeit isoliert liegenden Landschaft Öraefi in Südisland.

Nun geben sich weitere ausländische Forscher den Wanderstab in die Hand. Der Holländer **Reinout Willem van Bemmelen** (1904–1983) erkennt in den 1950er-Jahre die subglaziale Entstehungsgeschichte der isländischen Tafelberge. **Emmy Mercedes Todtmann** (1888–1973) berichtet 1960 über ihre glazialmorphologischen Forschungen auf Island. Und **Martin Schwarzbach** (1907–2003), Geologe an der Universität Köln und „Vater der Paläoklimatologie", soll einmal gesagt haben: „Lasst mich mit meinen Studenten vier Wochen lang auf Exkursion nach Island gehen. Dann können sie sich vier Semester Vorlesungen und Seminare in Hörsälen ersparen." Er benutzte auch erstmals für weite Gebiete des isländischen Hochlandes den Begriff der „edaphisch bedingten Wüsten". **Þorleifur Einarsson** (1931–1999), ein Schüler von Martin Schwarzbach, hat das erste deutschsprachige Geologie-Lehrbuch für Island verfasst. Und **Ekkehard Schunke** studiert in den 1970er-Jahren die Periglazialerscheinungen und den Permafrost im isländischen Hochland.

Das moderne Island nimmt Kontur an

5

Die zweite Hälfte des 20. Jahrhunderts

Der Zweite Weltkrieg stellt für die ganze Welt eine schreckliche Zäsur in ihrer historischen Entwicklung dar. Für Island bedeuten die 1940er-Jahre eine Zeit zwar mit wenig direkten kriegerischen Aktivitäten, jedoch gewaltigen ökonomischen, sozialen und auch ökologischen Veränderungen. Während des Krieges wird das eigentlich neutrale Land zunächst 1940 von britischen und ein Jahr später von US-amerikanischen Truppen besetzt, um es vor einer deutschen Invasion zu schützen und die eigenen Seewege im Nordatlantik zu sichern. Letztendlich sind 60.000 amerikanische Soldaten auf der Insel stationiert.[1] Das ist etwas weniger als die Hälfte der damaligen isländischen Bevölkerung!

Politisch ist für Island die endgültige Trennung von Dänemark und die Ausrufung der Republik am 17. Juni 1944 das bedeutsamste Datum der modernen Landesgeschichte. In der Zeit des „Kalten Krieges" ist Island 1949 ohne eigene Streitkräfte Gründungsmitglied der NATO, und Keflavík bleibt bis 2006 amerikanischer Militärstützpunkt.

Der Aufbau der militärischen Infrastruktur erfordert viele Arbeitskräfte, die durch die isländische Bevölkerung, gebeutelt durch eine hohe Arbeitslosigkeit, in beachtlichem Maße zur Verfügung stehen. Die schwierige ökonomische Situation großer Teile besonders der ländlichen Bevölkerung fördert die Bereitschaft zur Aufgabe der traditionellen Lebensweise in der Landwirtschaft und in abseitigen Lagen. Vor allem junge Menschen verlassen ihre Heimatorte und -höfe und finden bei den Alliierten im Großraum Reykjavík gut bezahlte Beschäftigung. Die isländische Peripherie entvölkert sich. Höfe mit ihren Wirtschaftsflächen werden aufgegeben. Besonders betrifft dies die Halbinsel Hornstrandir im hohen Nordwesten; dort gibt es seit den 1940er-Jahren keine bewirtschaftete Hofstelle mehr. Bedeutet dies aber dort auch die Rückkehr der ökologischen Verhältnisse der Zeit vor der Landnahme, eventuell sogar mit ursprünglichem Birkenwald?

---

[1] Vgl. Karlsson (2010).

Verschiedene Küstenorte, besonders aber der Großraum Reykjavík mit Hafnarfjörður und Kópavogur, in dessen Westen auf der Halbinsel Reykjanes Keflavík und im Nordosten Mosfellsbær liegen, werden zum Magneten der Zuwanderung aus der Peripherie. In den ersten 40 Jahren nach dem Zweiten Weltkrieg verdoppelt sich die Bevölkerungszahl Reykjavíks und erreicht 1992 mit 100.000 Einwohnern endlich den im geographischen Sinne formalen Status einer Großstadt. Arbeitsplätze und sich entwickelnde moderne Infrastruktur locken, und es ergeben sich attraktive Zukunftsperspektiven für Teile der bis *dato* benachteiligten ländlichen Bevölkerung! Die Urbanisierung Islands beginnt.

Dieser Prozess kann als ein klassisches Beispiel für *Push*- und *Pull*-Faktoren in der Landesentwicklung angesehen werden.

Im Folgenden werden einige Aspekte der umweltrelevanten Nachkriegsentwicklung bzw. umweltrelevanter Ereignisse näher genannt:

▶ Der Prozess der zunehmenden **Bevölkerungskonzentration in der Hauptstadtregion** hat natürlich die Umnutzung von dortigen landwirtschaftlichen Nutzflächen und „Ödland" zu Siedlungs- und Gewerbeflächen sowie beträchtliche Bauaktivitäten sowohl von Gebäuden als auch bei der Ver- und Entsorgungs- und der Verkehrsinfrastruktur zur Folge. Die selbstständigen Nachbarstädte wachsen allmählich mit Reykjavík zusammen.

Diese Veränderungen in der Zeit des Aufbruchs in die Moderne drücken sich – z. T. bis in die Gegenwart – in der Architektur und dem nun wichtigsten Baumaterial aus. Nachdem bereits Mitte des 19. Jahrhunderts der erste Portlandzement importiert worden ist,[2] dominiert spätestens ab dem Beginn des 20. Jahrhunderts, v. a. aber seit dem Zweiten Weltkrieg, Beton den Hausbau. Dies gilt sowohl für die neuen Wohngebiete als auch bei Brücken, Wasserkraftwerken und neuen Hofanlagen im Lande. Herausragende Beispiele für die neue Architektur sind die *Hallgrímskirkja* in Reykjavík (1948/1986) und die *Akureyrarkirkja* in Akureyri (1940). In Stadt und Land ändert sich nicht nur die Siedlungsphysiognomie, auch die Lebensqualität steigt.

1958 wird bei Akranes eine Zementfabrik auf der Basis von Muschelkalk aus der Region eröffnet, die den enormen Bedarf an Beton befriedigen soll. Das Zeitalter des Zements – das sog. *steinsteypuöldin* – beginnt.[3] Allerdings stellt 2017 die Fabrik nach knapp 60 Jahren ihren Betrieb ein.[4]

▶ Die **Versorgung** der Bevölkerung des Großraumes Reykjavík **mit Warmwasser und Fernwärme** entwickelt sich im weltweiten Vergleich einzigartig. 1928 wird erstmals in der Region, die ja von Beginn der Besiedlung an für ihre heißen Quellen bekannt ist, und zwar im Laugardalur, eine Bohrung zur

---

[2] Es ist wohl bereits 1847 zum ersten Mal auf Island mit Portlandzement gebaut worden (vgl. Nannini 2023).

[3] Zur Eröffnung dieser Fabrik sagt Präsident Ásgeir Ásgeirsson, dass viele erklärt haben, das Land sei unbewohnbar, weil es keine Baumaterialien gebe. Viele haben dem Volk eine Kultur abgesprochen, weil es in Erde und Schotter lebe. Und viele haben gesagt, dass ein solches Volk niemals unabhängig sein könne (vgl. Nannini 2023).

[4] Vgl. *Iceland Review* (2017).

5 Das moderne Island nimmt Kontur an

Erschließung tiefer gelegener Heißwasservorkommen niedergebracht. Zwei Jahre später wird eine 3 km lange Rohrverbindung zu einem Schulgebäude verlegt.

1961 ist die Hälfte aller Haushalte mit geothermal erzeugtem Warmwasser versorgt, 1972 sind es 97 %.

Heute wird heißes Wasser im Bereich von Reykjavík, Mosfellsbær und Nesjavellir aus etwa 70 Bohrlöchern, die 500 bis 2000 m tief reichen, gefördert. Ursprünglich wird das erbohrte Tiefenwasser direkt in die Warmwasserversorgung eingespeist. Aufgrund seines Schwefel- und Mineralreichtums, der zur Verengung der Leitungsrohre führt, wird es mittlerweile zur Erwärmung von Oberflächenwasser genutzt. Dazu dient das Geothermalkraftwerk Hellisheiði etwa 25 km östlich der Hauptstadt, das auch elektrischen Strom produziert und mit etwa 700 MW installierter Leistung das größte Kraftwerk dieser Art weltweit ist.[5] Ein großer Teil des 85 °C heißen Wassers wird seit 1991 in Aluminiumtanks auf dem Hügel *Öskjuhlíð* oberhalb des Stadtzentrums von Reykjavík gespeichert und von dort über ein über 1000 km langes Leitungssystem per Schwerkraft an die Haushalte verteilt.[6]

Die Nutzung geothermaler Energie zur Stromproduktion in bedeutendem Maße hat im Gebiet der Krafla in Nordostisland im Jahr 1974 mit ersten Probebohrungen begonnen. Ab 1978 wird dort Strom produziert und z. T. nach Akureyri transportiert; allerdings erreicht das Kraftwerk erst 1995 die geplante Kapazität von 60 MW (s. Abb. 5.1). Der Hauptgrund für die Verzögerungen ist die hohe Erdbebenaktivität in der Region, die immer wieder zur Zerstörung von Bohrlöchern führt. Ein naturspezifisches Problem! Doch bis Ende 1999 werden insgesamt 34 Bohrlöcher niedergebracht, das tiefste bis auf über 2000 m.

Mittlerweile werden in Island mit 30 Fernwärmesystemen etwa 1400 MW Leistung produziert[7] (s. Kap. 6).

▶ In einem humiden Land mit hoher Reliefenergie liegt es nahe, die **Wasserkraft** auszubauen und für die unmittelbaren Belange der Bevölkerung zu nutzen (s. Abb. 5.2). Nachdem in der Nachkriegszeit zunächst die Stärkung bzw. der Ausbau für die kommunale Versorgung gefördert werden, beginnt man in den 1960er-Jahren, in anderen Dimensionen zu denken. Die scheinbar unendlichen Ressourcen Wasserkraft und Erdwärme sollen auch für industrielle Großprojekte in Wert gesetzt werden.

Búrfell, das erste große Wasserkraftwerk am südwestlichen Rand des Hochlandes gelegen, ist ein Ausleitungskraftwerk und nimmt 1969 seinen Betrieb auf. Es erreicht 270 MW Leistung und ist für lange Zeit Islands größte Hydrokraftanlage. Es wird das Wasser der Þjórsá, des längsten Flusses Islands, genutzt. Der gewonnene Strom ist fast ausschließlich für das Aluminiumschmelzwerk

---

[5] Vgl. www.iceland.de/landeskunde/energie-wasserkraft-und-geothermie/erdwaerme/geothermalkraftwerk/hellisheidi

[6] Vgl. www.iceland.de/virtuelle-islandreise/reykjavik/das-heizungssystem

[7] Vgl. www.iceland.de/landeskunde/energie-wasserkraft-und-geothermie/erdwaerme/geothermalkraftwerk-krafla

Abb. 5.1 Geothermal-Kraftwerkanlagen im Gebiet der Krafla in Nordostisland. (Foto: Karin Steinecke, August 2014), *Ex-5.1 (Geothermal)*

Abb. 5.2 Dettifoss, der wasserreichste Wasserfall Europas in Nordostisland. (Foto: Karin Steinecke, August 2014), *Ex-5.3 (Dettifoss)*

Straumsvík etwas westlich von Reykjavík bestimmt. Sechs weitere Wasserkraftwerke im Einzugsgebiet der Tungnaá entstehen in den folgenden Jahren. Die Seen, besonders der Þórisvatn, Islands größter See, werden zu Reservoiren mit Staumauern umfunktioniert. Zusammen leisten diese Kraftwerke im Verbund 1040 MW[8] (s. Abb. 5.3).

Etwas später – 1984 – wird in Nordisland nach fast dreißig Jahren der Planung und des Baus das Blanda-Kraftwerk an selbigem Fluss in Betrieb genommen. Es gibt zwei Stauseen, von denen das Wasser über 200 m im Innern des Gebirges auf die Turbinen geleitet wird. Dieses Kavernenkraftwerk weist eine Leistung von 165 MW auf. Es ist ausschließlich von isländischen Firmen gebaut worden.[9]

---

[8] Vgl. www.landsvirkjun.com/powerstations/burfell

[9] Vgl. www.landsvirkjun.com/powerstations/blondustod

Abb. 5.3 Wasserkraftwerk südlich des Þórisvatn am südlichen Rand des zentralen Hochlandes. (Foto: Karin Steinecke, August 2014), *Ex-5.4 (Wasserkraftwerk)*

Mit dem Bau des Wasserkraftwerks Kárahnjúkur im Nordosten des Landes mit einer Leistung von 690 MW wird 2007 eine erneut neue Dimension der Erschließung der Wasserkraft erreicht (s. Kap. 6).

Es darf in diesem Zusammenhang nicht unerwähnt bleiben, dass es in dieser fortschrittsgläubigen Aufbruchstimmung auch zivilen Protest gegen größere Staudammprojekte und damit Naturzerstörung und den Ausverkauf der Natur gibt. Spektakulär ist der Widerstand der Bauerntochter *Sigriður Tómasdóttir*, die 1920 die Errichtung eines Wasserkraftwerks am Gullfoss durch englische Investoren verhindert.[10] Sie gilt als Vorreiterin des isländischen Umweltschutzes. Seit 1979 steht der berühmteste und touristisch bedeutsamste Wasserfall unter Naturschutz.

▶ Bereits 1904 beginnt ein anderes Zeitalter, das das Leben auf Island maßgeblich verändert. Das erste Automobil, ein *Cudell*-Motorwagen mit 7,5 PS, wird von einer Privatperson importiert. Doch die **Straßeninfrastruktur** ist bei weitem noch nicht darauf vorbereitet. Erst in den 1930er- und 1940er-Jahren werden die ersten Überlandstraßen von Reykjavík in den Norden nach Akureyri und in den Süden nach Selfoss gebaut. 1928 wird die erste Brücke über die Hvítá am Borgarfjörður geschlagen. In den 1950er- und 1960er-Jahren kommen etliche weitere Brücken hinzu, bis 1974 mit der Brücke über die Skeiðará die die ganze Insel umschließende Ringstraße mit über 1300 km Länge geschlossen wird. Von dieser Nationalstraße 1 zweigen verschiedene Straßen ab, die die Peripherie erschließen. Alle Straßen sind zunächst Schotterpisten, die oft – besonders nach dem Winter – repariert werden müssen. Sukzessive werden die Pisten asphaltiert; erst 2019 ist die gesamte Ringstraße derartig befestigt. Besonders problematisch ist der Straßenbau und die Straßenerhaltung im Bereich der ausgedehnten Sanderflächen im Süden, wo immer wieder Gletscherläufe die Straßen- und Brückenkonstruktionen gefährden.

---

[10] Vgl. *Nordic Adventure Travel* (2025).

Abb. 5.4 Mit Erdwärme geheizte Gewächshäuser bei Laugarás in Südwestisland. (Foto: Hilke Steinecke, Juni 2008),
Ex-5.2 (Gewächshäuser)

▶ Obwohl die Zahl der Höfe deutlich zurückgeht und zunehmend weniger Menschen in der **Landwirtschaft** arbeiten, bleibt sie ein wichtiger Wirtschaftszweig, auch für die Identität der Nation. Das ist die Folge der Vergrößerung der landwirtschaftlichen Nutzfläche der Höfe, der Intensivierung der Winterfuttergewinnung durch Düngung und z. T. Bewässerung durch Berieselung der Mähwiesen sowie des Düngemitteleinsatzes beim Getreideanbau.[11] Physiognomisch macht sich dies in der Landschaft bemerkbar, zum einem durch den Zerfall wüst gefallener alter Höfe und zum anderen durch Neubauten auf in Bewirtschaftung gebliebenen Betrieben. Gelegentlich finden sich noch Relikte alter Torf- und Grassodenhäuser, verlassene Holzhäuser, die eine Zeitlang noch durch die Altbauern genutzt werden, daneben eventuell Wellblechschuppen, die nach dem Zweiten Weltkrieg aus Altbeständen der amerikanischen Truppen erworben worden sind sowie Reste der Betonbauten der ersten Generation. Die modernen Hofneubauten bestehen gleichfalls aus Beton; Wohnhäuser sind von Wirtschaftsgebäuden getrennt. Eine Entwicklung der letzten 20 Jahre ist der Umstand, dass manche eigentlich landwirtschaftliche Betriebe mit Ferienwohnungen und Freizeitangeboten zusätzlich die touristische Nachfrage nutzen.

Ein besonderes Phänomen in der isländischen Landwirtschaft ist der Anbau von bestimmten Gemüsen in geothermal beheizten Treibhäusern (s. Abb. 5.4). 1924 wird das erste in Betrieb genommen; bis 2012 hat sich die Fläche der Glashauskulturen auf etwa 200.000 m^2 entwickelt. Anfänglich hat man mit Plastikfolien gearbeitet; mittlerweile bestehen fast alle Häuser aus Glas und sind mit automatischer Bewässerung, Temperaturkontrolle und energiesparsamem Pflanzenlicht auf LED-Basis ausgestattet. Der Energiebedarf wird durch Wasserkraft ge-

---

[11] Von 1961 bis 1976 steigert sich der Düngemitteleinsatz von 104 auf 236 kg/ha. Danach fällt der Wert wieder, sodass sich über die letzten Jahre ein Mittelwert von 172 kg/ha ergibt.
2021 beträgt der Anteil der landwirtschaftlichen Nutzfläche 18.700 km^2 (= 18,6 % der Landesfläche). 4,1 % der Bevölkerung arbeiten in der Landwirtschaft. Die Erträge bei Getreide im Süden liegen bei 3000 kg/ha (Vgl. The Global Economy 2025).

deckt. Ganz überwiegend werden Tomaten, Gurken und Paprika angebaut, aber auch Blumen spielen eine nicht unbedeutende Rolle. Auch Sonderkulturen wie Champignons bei Fluðir kommen vor. Viele der Betriebe setzen auf Hydrokultur mit Steinwolle oder Vulkanasche als Substrat. Der Vorteil der Treibhauskulturen ist offensichtlich: Längere Anbauzeiten durch längere Beleuchtungsphasen, keine Frostanfälligkeit wie zum Beispiel beim Freiland-Kartoffelanbau und dadurch bessere Planbarkeit der Produktion.

Das Ortsbild von Hveragerði südöstlich von Reykjavík ist besonders durch Gewächshauskulturen geprägt.

Auch für die Anzucht von Baumkeimlingen für Aufforstungsmaßnahmen sind Treibhausanlagen bedeutend.[12]

▶ Ein zentrales Thema der Sicherung der Umweltbedingungen und natürlichen Ressourcen ist und bleibt die **Bekämpfung der Vegetationszerstörung und Bodenerosion**, die besonders durch die extensive Schafweide verursacht worden ist und noch verursacht wird.

1907 wird ein erstes Gesetz zur Landrenaturierung verabschiedet.[13] Es folgen bis zur staatlichen Selbstständigkeit verschiedene Novellierungen[14] und 1941 die Einrichtung des *Land Reclamation Service. Landgræðslan* – der *Soil Conservation Service of Iceland* –, der in Gunnarsholt in Südisland lokalisiert und eine Abteilung des Ministeriums für Ernährung, Landwirtschaft und Fischerei ist,[15] er wird 2024 mit *Skógræktin* (*Icelandic Forest Service*) zusammengelegt.

Das Renaturierungsprogramm besonders nach der Unabhängigkeit beinhaltet u. a. die staatliche Übernahme der Maßnahmen und Flächen sowie die weitgehende Entfernung von Schafen aus und Quotierung des Schafbesatzes in den reklamierten Arealen. Baumaßnahmen wie die Anlage von Schutzmauern und Einzäunungen werden initiiert, z. T. unter Einbindung der betroffenen Bauern und von Schulprojekten.

Die Maßnahmen während des über hundertjährigen Bestehens von *Landgræðslan* werden durch diese Zahlen dokumentiert: Von 1907 bis 1946 werden 55.000 ha bei einer durchschnittlichen Rate von etwa 1400 ha/J reklamiert; von 1947 bis 1973 sind es 97.000 ha (etwa 3700 ha/J), von 1974 bis 1995 etwa 289.000 ha (gut 13.000 ha/J) und von 1996 bis 2010 130.000 ha (etwa 8700 ha/J).[16] Allein von 1974 bis 1978 werden etwa 85.000 ha unter Schutz ge-

---

[12] Vgl. Butrico & Kaplan (2018).

[13] Vgl. im Folgenden – wenn nicht anders angegeben – Crofts (2011).

[14] *Act of Land Reclamation* (1914), *Sand Reclamation Act* (1943).

[15] Gunnarsholt ist eine alte Hofstelle in den Rangárvellir und repräsentiert in beispielhafterweise die Geschichte eines isländischen Hofes. Bereits vor 900 v. Chr. von *Gunnar Baugsson* gegründet und im *Landnámabók* erwähnt, ist er von 1836 bis 1925 dreimal wegen massiver Übersandungen aufgegeben und immer wieder aufgebaut worden. Das Anliegen der heutigen Forschungsstelle und Verwaltung von *Landgræðslan* ist es, die Kompatibilität von Landwirtschaft und Renaturierung zu erforschen und zu propagieren.

[16] Kartographisch ist diese Entwicklung dargestellt bei Crofts (2011, S. 48 bis 51).

stellt und etwa 150 km Zäune gebaut. Es verbleiben allerdings weite Gebiete des zentralen Hochlandes, besonders der sog. Missetäterlava (*Ódáðahraun*) (s. Abb. 3.4), fast frei von Vegetation und wüstenhaft. In einer Evaluation werden 2013 zwar beachtliche Erfolge festgestellt, es wird jedoch auch deutlich, dass Bodenerosion nach wie vor Islands größtes Umweltproblem darstellt.[17]

Parallel dazu entwickelt sich der Schafbestand von etwa 400.000 Tieren im Jahr 1947 über ein Maximum von etwa 900.000 (1977/78) auf ein Niveau von etwa 450.000 um die Jahrtausendwende.[18] Aktuell beläuft sich der Winterbestand auf etwa 370.000 Tiere.

Neben der Beweidung der Fernweidegebiete kommen ab den 1960er-Jahren als besondere Ursache für eine zumindest regional verstärkte Bodenerosion die Bauaktivitäten im Zusammenhang mit Wasserkraftwerken, besonders am südwestlichen Rand des Hochlandes im Bereich der Þjórsá im Þjórsárver bei Búrfell, hinzu.

▶ Die Bemühungen um **Aufforstung**, die Ende des 19. Jahrhunderts begonnen haben, setzen sich fort.[19] Ab 1950 wird mit verschiedenen Baumarten nordeuropäischer, nordamerikanischer und sibirischer Provenienzen (Gemeine Fichte (*Picea abies*), Waldkiefer (*Pinus sylvestris*), Sitkafichte (*Picea sitchensis*), Drehkiefer (*Pinus contorta*)) und Sibirische Lärche (*Larix sibirica*) experimentiert (s. Box 4); 1968 wird die *Icelandic Forest Research Station* in Mógilsá bei Reykjavík gegründet.

In einer erster Hochphase der Aufforstung 1960 bis 1962 werden 1,5 Mio. Setzlinge pro Jahr gepflanzt. Von 1990 bis 2009 wird diese Rate auf bis zu 6 Mio. gesteigert, allerdings auch mit der einheimischen Moorbirke, die Anfang des Jahrhunderts etwa 30 % der Neuanpflanzungen – insgesamt etwa 1000 bis 1500 ha/J – ausmacht. Noch mehr oder weniger ursprüngliche Birkenwälder – z. B. der etwa 300 ha große Vaglaskógur im nordisländischen Fnjóskadalur und der Hallormsstaðaskógur (etwa 740 ha) im Osten – umfassen 1500 km². Hinzu kommen 400 km² Aufforstungsflächen. Insgesamt sind heute (2022) 2 % der Landesfläche waldbedeckt. Beim letztgenannten Wald existiert ein Arboretum, in dem über 70 exotische Baumarten angepflanzt sind.

Allerdings erfahren die Aufforstungsaktivitäten durch die Finanzkrise 2009 bis 2013 deutliche Rückschläge. Die staatlichen Förderungsmaßnahmen werden um die Hälfte zurückgenommen und drei Baumschulen geschlossen. Es wird mit einem weiteren Rückgang der Aufforstung in den nächsten Jahrzehnten gerechnet, dennoch wird angestrebt, bis 2040 die kultivierte Waldfläche noch einmal zu verdoppeln. Dann wären 4 % der Fläche Islands wieder bewaldet.

Mittlerweile zeigt sich ein interessanter „Neben"-Effekt der Ausdünnung der Aufforstungsbestände: Es entwickelt sich eine bescheidene Holzproduktion, und mit der nordamerikanischen Korktanne (*Abies lasiocarpa*) versorgt sich Island inzwischen selbst mit Weihnachtsbäumen!

---

[17] Vgl. Aradóttir et al. (2013).

[18] Dazu ist anzumerken, dass dies die Zahlen nach den herbstlichen Schlachtungen sind. Im Frühsommer gehen mit den jungen Lämmern vielmehr Tiere auf die Hochweide.

[19] Vgl. im Folgenden *Skógræktin/Icelandic Forest Service* (o. D., aufgerufen Februar 2025).

Die höchsten Bäume sind übrigens Sitkafichte und Balsampappel (*Populus trichocarpa*) mit bis zu 28 m; der älteste ‚Baum' (in Zwergwuchsform) ist mit 280 Jahren ein Wacholder (*Juniperus communis*).

Der Klimawandel zeitigt trotz der Zunahme von Schädigungen durch Insekten und Pilze einen positiven Effekt: Die Höhengrenze des Potenzials für Aufforstung ist in den vergangenen 45 Jahren um etwa 100 m an Berghängen und an den Rändern des Hochlandes gestiegen (s. Box 5).

▶ Die **Kultivierung und Nutzung der Moore** als landwirtschaftliche Nutzfläche hat in der Erschließung des Landes solange keine bedeutende Rolle gespielt, wie man auf mineralischen – deutlich nährstoffreicheren – Böden Gras als Heu für die Winterversorgung des Viehs in ausreichendem Maße gewinnen kann. Doch sehr früh mäht man auch Moorflächen und nutzt den Torf der Moore als Baumaterial und Brennstoff.

Bis Anfang der 1940er-Jahre wird Heu im Wesentlichen von Grasland mit mineralischem Untergrund geerntet, nämlich etwa 4,5 Mio. t jährlich gegenüber nur 100.000 t von Moorflächen.

Doch bereits um 1920 beginnen einzelne Bauern, Moorflächen von Erdbülten, sog. *þúfur*[20], zu befreien und einzuebnen, um sie besser mähen und zusätzlich nutzen zu können. Dabei werden vor allen sog. *flæðimýri*, von Hangwasser durchflossene Moore, bearbeitet. Es kommen dabei erste Maschinen, sog. *þúfurbanar* („Erdbültenabtrager") zum Einsatz.

Ende der 1940er- und Anfang der 1950-Jahre erfolgt vereinzelt die Dränage von Mooren, um sie in „produktives" Grünland umzuwandeln. Isländische Torfböden weisen zwar geringere Nährstoffgehalte als die minerogenen Böden auf (s. oben), sind aber wegen ihres gewissen Mineralgehalts durch die Vulkanaschen und den Lösseintrag durch die Bodenerosion ertragreicher als rein organogene Böden. Die ersten Versuche der Moorkultivierung sind jedoch unproduktiv: Man beachtet nicht die örtlichen topographischen und physischen Verhältnisse.

Ab 1942 wird die Moordränage mit staatlicher Unterstützung forciert: Anfangs sind es erst etwa ein Drittel, um 1980 etwa 70 % der Dränageprojekte, die gefördert werden. Zur Entwässerung eines Hektars muss etwa ein Kilometer Graben oder Tunnel gezogen werden. Die regionalen Schwerpunkte liegen in West- und Südwestisland. 75 Jahre später sind knapp 50 % der etwa 9000 km² als Feuchtgebiete deklarierten Flächen durch ein 30.000 km langes Graben- und Rohrsystem dräniert.[21] Heute liegt der Schwerpunkt des Feuchtgebietsmanagements auf Renaturierungsprogrammen, nicht zuletzt auch zur Reduzierung der CO_2-Emissionen,[22] aber auch Aufforstung, z. B. mit Balsampappeln, fördert die CO_2-Speicherung auf ehemals dränierten Flächen.[23]

---

[20] Vgl. Schunke (1977a und 1977b).
[21] Vgl. Arnalds, Ó. et al. (2016).
[22] Vgl. Ármandsdóttir (2022).
[23] Vgl. Bjarnadóttir et al. (2021).

Die Umwandlung von natürlichen Moorflächen in Nutzwiesen hat natürlich ökologische Konsequenzen: Haben vor der Dränage die Wiesensegge (*Carex nigra*), der Fieberklee (*Menyanthes trifoliata*) und der Sumpfschachtelhalm (*Equisetum palustre*) die Flora der Standorte dominiert, sind nun der Rotschwingel (*Festuca rubra*), das Straußgras (*Agrostis stolonifera*), Wiesenrispengras (*Poa pratensis*) und die Rasenschmiele (*Deschampsia caespitosa*) am meisten vertreten.[24] Zudem verschwinden mit der Entwässerung viele Watvögel wie Rotschenkel (*Tringa totanus*), Regenbrachvogel (*Numenius phaeopus*) oder Bekassine (*Gallinago gallinago*).

▶ Der **küstennahe Fischfang** hat in der isländischen Geschichte schon immer eine große Rolle gespielt. Somit muss ein Vertrag Dänemarks mit Großbritannien, der die isländische Fischereizone für 50 Jahre auf drei Seemeilen vor der Küste limitiert, ein besonderer Affront gegenüber der eigenen Kolonie gewesen sein.

Seit 1905 gibt es eine Fangstatistik.[25] 1948 – nach der Unabhängigkeit – beginnt Island mit der wissenschaftlichen Erforschung und Überwachung der Meeresfischbestände. Eine Überfischung der scheinbar unermesslichen Fischvorkommen deutet sich an. 1952 wird die eigene Schutzzone auf vier Seemeilen ausgedehnt, um wichtige Laichgründe zu schützen. Dennoch bricht ein im Frühjahr laichender Heringsstamm (*Clupea harengus*) zusammen. Lodde bzw. Kapelan (*Mallotus villosus*), ein Futterfisch für Kabeljau bzw. Dorsch (*Gadus morhua*), laicht vor der isländischen Südküste und lebt später überwiegend zwischen Island und Jan Mayen, ersetzt die Fangverluste und wird meist zu Fischmehl verarbeitet. Ende des 20. Jahrhunderts wird mit knapp 800.000 t fast doppelt so viel Lodde wie Kabeljau und Hering zusammen gefangen.[26]

Als Island sechs Jahre später diese Zone auf zwölf Seemeilen ausweitet, werden britische Fischtrawler von Schiffen der *Royal Navy* eskortiert. Es ist der Beginn der sog. „Kabeljau-Kriege", in deren Verlauf es 1972 zu einer weiteren Ausdehnung der isländischen Fischereigrenze um 50 Seemeilen und 1975 auf 200 Seemeilen sowie zu fast kriegsähnlichen Auseinandersetzungen zwischen den britischen Fregatten und isländischen Küstenschutzbooten kommt. Mit dieser konsequenten Entscheidung wird Island zum weltweiten Vorkämpfer zum Schutz territorialer Gewässer und mariner Ressourcen. Auf einer internationalen Seerechtskonferenz der Vereinten Nationen 1974 befürworten viele Nationen eine generelle 200-Seemeilen-Zone für Küstenstaaten. Es ist dabei zu bedenken, dass für Island sicherlich seine geostrategische Lage innerhalb der NATO von großer Bedeutung bei der Durchsetzung seiner nationalen Interessen ist.

1976 verlässt der letzte britische Fischtrawler die isländischen Hoheitsgewässer, und Island hat endgültig die volle Souveränität über seine Wirtschaftszone.[27]

---

[24] Vgl. Sigursveinsson (1983).
[25] Vgl. Schopka (2003).
[26] Vgl. www.iceland.de/landeskunde/wirtschaft-und-soziales/fischereiwirtschaft/
[27] Vgl. Hjálmarsson (1994, S. 183–187, 189–190) und Líndal (2011, S. 333–336).

Abb. 5.5 Fischerboot für den Fang in küstennahen Gewässern mit Heimathafen Grindavík in Südwestisland. Der Ort ist heute wegen der aktuellen Vulkanausbrüche teilweise verlassen. (Foto: Karin Steinecke, August 2014),
Ex-5.6 (Fischerboot)

1984 wird ein Quotensystem eingeführt, nach dem jedem Schiff für einzelne Fischarten bestimmte Fangmengen zugeteilt werden.

Die Fanggebiete der isländischen Trawler umfassen mittlerweile Seegebiete im gesamten Nordatlantik (s. Abb. 5.5). Ein großes Fischereiunternehmen schöpft 18 % seiner Dorschquote und 32 % der Rotbarsch (Sebastes norvegicus)-Quote, in der Barentssee für den internationalen Markt ab. Neben der Produktion von Fisch und Fischprodukten (u. a. Lebertran) für das eigene Land – 25 % des gesamten BIP in Island entfallen auf die Fischereiwirtschaft –, spielt für Island v. a. der Fischexport wirtschaftlich eine große Rolle. Er umfasst fast 40 % des Gesamtexportes und beträgt 2020 ca. 1,7 Mio. €. Verkauft wird isländischer Fisch weltweit, die wichtigsten Exportländer sind Großbritannien, Frankreich, die USA und Spanien. Über 40 % der marinen Produkte sind heute Tiefkühlware, gefolgt von Fischmehl- und Fischölprodukten, Frischfisch, Salzfisch und Trockenfisch. Hauptfangart ist weiterhin der Kabeljau.[28]

▶ Während der **Walfang** des 19. und frühen 20. Jahrhunderts auf die Gewinnung von Walöl ausgerichtet ist, werden Wale ab den 1950er-Jahren als Futtermittel für Nutz- und Haustiere gejagt (s. Abb. 5.6). Die Vermarktung des Walfleisches für den menschlichen Verzehr spielt in Island und zunehmend auch in Japan, dem langjährigen Hauptabnehmer, keine besondere ökonomisch bedeutsame Rolle.

1982 verfasst die Internationale Walfangkommission ein Memorandum, nachdem sämtliche kommerziellen Walfangaktivitäten verboten sind. Island schließt sich zwar 1986 an, tritt aber wieder aus und erlegt weiterhin etwa 60 Wale pro Saison – und tritt dann wieder ein. Der Protest dagegen ist international und massiv: Unter anderem versenken Aktivisten der Meeresschutzorganisation *Sea Shepard* 1986 im Hafen von Reykjavík zwei Walfangschiffe.

---

[28] Vgl. *Statistics Iceland* (2025a).

Abb. 5.6 Ein Seiwal, in der Faxaflói erlegt, wird zum Flensen in einer Walfangstation im Hvalfjörður in Westisland an Land gezogen. (Foto: Jörg F. Venzke, August 1977),
Ex-5.7 (Walfangstation Hvafjörður)

Im selben Jahr lässt Island einen „wissenschaftlichen Walfang" zu, unter dessen Mantel in vier Jahren etwa 200 Zwergwale (v. a. Minkwale [*Balaenoptera acutorostrata*]) getötet werden und genehmigt drei Jahre später wieder kommerziellen Walfang. Die Fischbestände, so die Argumentation des Ministeriums, seien durch die Wale nicht gefährdet. Umweltschutzorganisationen protestieren dagegen. Die Anlandungen von Walfleisch sind ohne wirtschaftliche Relevanz.[29]

2017 wird die Bucht Faxaflói vor Reykjavík zum Walschutzgebiet erklärt. Mit den Restriktionen, der abnehmenden Popularität für und dem steigenden Tier- und Umweltschutzengagement gegen den Walfang steigt die Entwicklung, durch eine touristische Vermarktung von Walen eine neue Branche zu erschließen. „Whale Watching" wird zunehmend populär und gehört bei vielen Touristen ins Reiseprogramm. Es gibt dafür manche Standorte; Reykjavík und Húsavík sind die bedeutendsten (s. Abb. 5.7). Ist dies nun das Ende des isländischen Walfangs?

▶ Es gibt auch in dieser Boomphase naturspezifische Herausforderungen, mit denen sich Isländer seit Jahrhunderten haben auseinandersetzen müssen:

In die Jahrzehnte nach dem Zweiten Weltkrieg fallen einige bedeutende **vulkanische Ereignisse**, die den Umgang der isländischen Gesellschaft mit Natur-„Katastrophen" charakterisieren.

---

[29] Vgl. www.greenpeace.de/biodiversitaet/meere/fischerei/info-walfang-island

Abb. 5.7 Heutige „Nutzung" von Walen: *Whale-Watching*-Boote im Hafen von Husavík. (Foto: Karin Steinecke, August 2014), *Ex-5.8 (Whale-Watching-Boote)*

- 1947 ereignet sich ab März nach etwa hundert Jahren der Ruhe die schwerste Eruptionsphase der Hekla in der Nachkriegszeit – und dauert ins nächste Jahr an –, bei der über 3000 km² Land und Wasseroberfläche südöstlich des Vulkans mit einer bis zu 10 cm dicken Aschedecke überzogen wird. Knapp 100 Gehöfte werden in Mitleidenschaft gezogen und zwei gänzlich aufgegeben. Besonders gefährlich ist – wie bei etlichen anderen Vulkanausbrüchen in Südisland auch – die fluoridhaltige Asche, die, wenn mit dem kontaminierten Gras von Schafen aufgenommen, für die Tiere tödlich sein kann. Auch sich in Senken sammelndes Kohlenstoffdioxid erstickt Tiere.

Die natürliche Wiederbegrünung setzt zwar sporadisch bereits im nächsten Jahr ein. 2007 gründet die Staatliche Wiederaufforstungsgesellschaft (*Skógræktarríkisins*) das Projekt *Hekluskógar*, um der Erosion der Ascheflächen durch Wind und Wasser zu begegnen. Man beginnt, auf einem 90.000 ha großen Areal am Fuß des Vulkans, das zwischen 100 und 400 Höhenmetern im natürlichen Verbreitungsgebiet des ursprünglichen Birkenwaldes liegt, den Boden zu düngen und Strandroggen und die luftstickstofffixierende Alaskalupine (*Lupinus nootkatensis*) auszusäen (s. Box 4) (s. Abb. 5.8). Danach wird die heimischen Birke auf etwa 60 % des Areals angepflanzt. Auch Weiden (*Salix phylicifolia* und *S. lanata*) stellen sich ein. Der Wald soll neben dem Erosionsschutz auch der Steigerung der Biodiversität und der CO_2-Fixierung dienen.[30]

- Die Entstehung der Vulkaninsel Surtsey vor der Südküste 1963 stellt den Beginn einer dauerhaften vulkanologischen und ökologischen wissenschaftlichen Forschung dar, die u. a. durch strenge Reglements zur Betretung der Insel und weitestgehendem Schutz vor anthropogener Beeinflussung unterstützt wird (s. Kap. 1).

---

[30] Vgl. Fischer (o. D.).

Abb. 5.8 Rekonstruierter Mittelalterhof Stöng und eingesäte Alaskalupine zur Fixierung von Luftstickstoff zur Bodendüngung in Südisland. (Foto: Hilke Steinecke, Juni 2008), *Ex-5.5 (Stöng und Alaskalupine)*

- Im Januar 1973 bricht auf Heimaey, der größten und einzigen bewohnten Insel der Vestmannaeyjar, der Vulkan Eldfell in unmittelbarer Nähe des Ortes aus. Die etwa 5300 Einwohner können noch in der Nacht evakuiert werden. Etwa 100 Häuser werden durch die Aschemassen begraben. Über Monate hinweg kann durch massive Kühlung mit Meerwasser der vorrückende Lavastrom zum Stillstand gebracht und der Verschluss des Hafens, der die Existenzgrundlage des bedeutenden Fischerortes darstellt, verhindert werden. Einige Jahre nach dem Ereignis wird durch die Wärme im Innern des Lavastromes die Warmwasserversorgung des wiederbesiedelten Ortes auf viele Jahre hinweg gewährleistet. Der Hafen ist durch die Lavabarriere besser geschützt als zuvor, und mit der Asche kann die Landebahn des Flugplatzes verlängert werden. Also riesiges Glück im Unglück, aber auch ein Beispiel für einen besonnenen und kreativen Umgang mit den Gefahren und Chancen, die dieses Land bietet!
- Bei der Eruption des Eyjafjallajökull im Jahr 2010 werden durch die mehrtägige Einstellung des Flugverkehrs über dem Nordatlantik genau so viel CO_2-Emissionen eingespart wie gleichzeitig durch den Vulkan freigesetzt worden sind. Die Bárðarbunga-Eruptionen zwischen 2014 und 2015 emittieren mehr als 11 Mio. t SO_2, was der Menge an SO_2 entspricht, die im gesamten Jahr 2011 in ganz Europa ausgestoßen worden ist.[31]
- Die Vulkanaktivitäten auf der Reykjanes-Halbinsel, die zwischen März 2021 und Juli 2025 bereits zu zwölf Eruptionen geführt haben, gelten als noch nicht beendet und könnten noch über Jahrzehnte hinweg andauern. Eine Gefährdung der Hauptstadtregion durch diese Eruptionsserie wird zwar von Forschern ausgeschlossen, ist aber nicht völlig undenkbar.[32] Im Verlauf dieser Ausbruchsserie

---

[31] Vgl. Gíslason et al. (2015).

[32] In ihrem fiktiven Roman *Islandfeuer* beschreibt *Björnsdóttir* (2022) eindrucksvoll die katastrophale Situation, die entstehen könnte, wenn sich Eruptionen auf der Reykjanes-Halbinsel der besiedelten Region im Großraum Reykjavík nähern würden.

muss allerdings der bis dahin knapp 3700 Einwohner zählende Küstenort Grindavík, in dem auch bedeutende Fischindustriebetriebe angesiedelt sind, nahezu aufgegeben werden. Zunächst entstehen durch Erdbebenaktivität immer wieder Gebäudeschäden sowie Risse und Spalten auf den Straßen. Mehrfach werden Versorgungsleitungen durch die Ausbrüche zerstört. Der Lavaausbruch im Januar 2024 erreicht schließlich trotz angelegter Schutzwälle die Siedlung und setzt drei Häuser in Brand. Immer wieder wird die Bevölkerung evakuiert. Ein großer Teil der privaten Häuser ist den Besitzern vom isländischen Staat abgekauft worden. Die Einwohner haben in erster Linie in Reykjavík sowie in anderen Orten auf der Reykjanes-Halbinsel neuen Wohnraum gefunden.[33]

Box 3 Ökologische Entwicklung der Stadtregion Reykjavík

Reykjavík präsentiert sich in den letzten Jahrzehnten des vergangenen Jahrhunderts als eine moderne, belebte und dicht bebaute Großstadt (s. BOX 3.1). Es gibt sie allerdings auch noch, die kleinen bunten, wellblechverkleideten Holzhäuser und kleinen Gassen, die den Charme der Stadt ausmachen – aber eben nur in der Altstadt.[34]

Um sie herum ziehen sich mehrspurige und vielbefahrene Straßen. Stadtteile mit stereotypen Einfamilienhäusern aus Beton sind ebenso entstanden wie Hochhausviertel und innenstadtnahe Industrie- und Gewerbegebiete. Die wichtigste Einkaufsstraße Laugarvegur muss man sich häufig mit langen Autoschlangen teilen, und die nahe Küste ist fast überall verbaut und lädt somit kaum zum Verweilen ein, zumal die Abwässer der Stadt ungeklärt

Modernes Reykjavík mit Hochhäusern an einer Waterfront. Im Hintergrund die Hallgrímskirche von 1948. (Foto: Karin Steinecke, August 2014),
Ex-BOX 3.1 (Modernes Reykjavík)

---

[33] Vgl. Parks et al. (2024).
[34] Vgl. Friðriksson (2014).

direkt ins Meer geleitet werden.[35] Brachflächen, die als Mülllagerplätze genutzt werden, sind überall zu entdecken. Es fehlt ein Radwegenetz, das innerstädtische Busnetz hat seine Tücken und ist kaum mit den Buslinien der umliegenden Städte abgestimmt. Als innenstadtnahe Grünanlagen und Erholungsgebiete locken fast nur der Stadtteich Tjörnin, das Laugardalur mit Sport- und Freizeitstätten, dem botanischen Garten und dem Haustierpark sowie einzelne Spazierwege auf dem Hügel Öskjuhlíð.

Die Stadt gilt zwar als „Stadt ohne Schornsteine"[36] und damit als sauber – auf den ersten Blick. An windschwachen Tagen, besonders im Winterhalbjahr, wenn durch die geringe solare Einstrahlung bodennahe Inversionen auftreten können, bilden sich jedoch über der Reykjavík-Halbinsel braun-gelbliche Smogglocken, an verkehrsreichen Plätzen in der Stadt werden immer wieder auch Grenzwertüberschreitungen für Schwebstaub und Stickoxide festgestellt, einzelne gesundheitliche Beeinträchtigungen bei Busfahrern und Verkehrspolizisten werden bekannt.[37] Größtes Problem ist dabei neben Punktemissionen u. a. von der damals noch produzierenden Düngemittelfabrik insbesondere das große Verkehrsaufkommen in Reykjavík. Schon 1989 sind fast 500 Autos pro 1000 Einwohner in Island registriert, eine weltweit rekordverdächtige Zahl.[38] Und diese zahlreichen Autos werden auch viel und oft genutzt, auch für kleine Strecken innerhalb der Stadt. Nur 4 % aller Wege in Reykjavík werden 1990 mit dem öffentlichen Nahverkehr zurückgelegt.

Verantwortlich für diese suboptimale Umweltsituation in Reykjavík Ende des letzten Jahrhunderts sind verschiedene Gründe. Zum einen gibt es zwar schon früh zu Beginn des 20. Jahrhunderts Ansätze einer Stadtplanung in Reykjavík, aber diese folgt zeitgemäß anderen Leitsätzen. Bis in die 1980er-Jahre entwickelt man die sich schnell wachsende Stadt nach dem ersten Masterplan der Stadt Reykjavík (1966–1986), der nach amerikanischem Vorbild in erster Linie den Verkehr mit dem eigenen Auto zwischen dem Stadtzentrum und der in den entfernter liegenden Neubauvierteln lebenden Bevölkerung in den Fokus stellt.[39] Zum anderen ist auch gerade in Reykjavík die Natur immer noch z. B. durch die imposante Bergkulisse der Esja, die lange Küstenlinie und die schnell erreichbare Naturlandschaft in der Umgebung sehr präsent, sodass den Reykjavíkern ein stadtspezifisches Umweltbewusstsein wenig in den Sinn kommt.[40] Zudem fehlen weitgehend noch

---

[35] Vgl. Friðriksson (2014).

[36] Der größte Teil der Haushalte in Reykjavík ist geothermal beheizt, sodass die Wohnhäuser natürlich auch keine Schornsteine besitzen und Hausbrand als Emissionsquelle wegfällt.

[37] Vgl. Steinecke (1995a, b, 1999) und Gústafsson & Steinecke (1995).

[38] Vgl. Teitsson (2023).

[39] Vgl. Priebs & Mósesdóttir (1987), Arnalds, E. S. (1989) und Kraas & Hennig (2024).

[40] Vgl. Steinecke (1995a, b). Magnusson (2024) beschreibt in seinem Buch *Gebrauchsanweisung für Island* sehr deutlich das Verhältnis der Isländer zur Natur, das häufig eher einem unsentimentalen Respekt vor der Natur und ihrer Nutzbarkeit als einer romantischen Naturverherrlichung nahekommt.

Umweltvorschriften zur Reinhaltung von Luft, Wasser und Boden sowie zur Abfallbehandlung, die sich erst mit der Gründung der staatlichen Umweltbehörde 1990 mehr und mehr durchsetzen (vgl. Abschn. 6.7).

Schon der zweite Masterplan der Stadt Reykjavík (1984–2004) sowie alle folgenden Überarbeitungen und Neuformulierungen (u. a. 1990–2010, 1996–2016, 2010–2030) setzen sich zunehmend andere Ziele. Statt Reykjavík immer weiter in die Fläche auszudehnen, soll mehr verdichtet werden, die Lebensqualität in den Wohnquartieren durch Grün- und Freizeitflächen erhöht und vor allem durch ein geändertes Mobilitätskonzept der Autoverkehr und die damit einhergehende Verschmutzung reduziert werden. Die Agenda-21-Ziele sind hierbei wichtige Leitfaktoren. Gleichzeitig wird aber auch die Wirtschaft Reykjaviks durch innovative und kreative Projekte aus Kultur, Bildung und Wirtschaft gefördert. Die Umsetzung der neuen Umweltschutz- und Nachhaltigkeitsaspekte in der Stadtplanung schreiten – mit einer kurzen Unterbrechung nach dem Banken-Crash – relativ schnell voran, sodass Reykjavík seine Defizite in der Stadtentwicklung seit 2000 größtenteils mehr als ausgleichen kann und Schritt für Schritt dem Ziel näher kommt, sich nachhaltig zu transformieren.[41] Der alte Hafen in der Altstadt wird revitalisiert und so zu einem attraktiven Viertel sowohl für Einheimische als auch für Touristen. Baulücken und aufgeschüttete Küstenabschnitte werden mehrgeschossig, aber dennoch weitgehend ansprechend und hochwertig bebaut – z. T. allerdings durch ausländische Investoren. Die Grüngürtel im Fossvogsdalur sowie Elliðaárdalur werden aufgewertet und mit Fahrrad- und Fußwegen sowie vielen Freizeitmöglichkeiten ausgestattet, ein attraktives Geothermalfreibad entsteht im Meer bei Nauthólsvík. Auch der öffentliche Nahverkehr wird stufenweise völlig neu entwickelt. Mehrere Naturschutzgebiete im Stadtgebiet (u. a. die Klippen Fossvogsbakkar an der Meeresbucht Fossvogur oder der Hügel Laugarás) erhalten mehr Aufmerksamkeit und besseren Schutz. Immer wieder wird – bisher allerdings ergebnislos – über eine Verlagerung des innerstädtischen Inlandsflughafens diskutiert, der für die Stadtplanung wertvolle Flächen für Wohngebiete, Technologieparks und Grünanlagen freigeben und die Menschen in Reykjavík von Fluglärm und anderen belastenden Emissionen befreien würde. Mit diesem Schritt tut man sich aber noch schwer, denn was für die Bewohner der Hauptstadt sicher von großem Vorteil wäre, würde für die übrigen Isländer in den peripheren Landesteilen eine Entkoppelung von der Hauptstadt bedeuten.[42]

Im Ausbau befindet sich bereits das Stadtliniennetz „*Borgarlínan*", das bis 2034 alle Gemeinden der Hauptstadtregion bis in die Außenbezirke hinein verbinden soll.[43] Auch über den Bau einer Metrobahn in Reykjavík wurde schon

---

[41] Vgl. Hlynsdóttir (2020), Dou (2021) und Kraas & Hennig (2024).
[42] Vgl. Kraas & Hennig (2024).
[43] Vgl. *Verkefnastofa Borgarlínu* (2025).

nachgedacht – geologisch spricht offensichtlich nichts gegen die Anlage eines unterirdischen Tunnelsystems.[44]

Mittlerweile geht Reykjavík neue Wege der Stadtplanung. Mit der isländischen Plattform „*My Neighborhood*" kann die isländische Bevölkerung ihre Stadt durch selbst eingereichte Projektideen und Gestaltungsvorschläge mitentwickeln, und das schon seit 2012. Damit nimmt Reykjavík eine Vorreiterrolle in Sachen *Smart-City*-Anwendungen ein.[45]

Der auch in Reykjavík zu Beginn des Jahrtausends stark ansteigende Tourismus kurbelt den Transformationsprozess der Hauptstadt weiter an. Die mittlerweile sehr lebendige Kunst-, Literatur- und Musikszene in Reykjavík lässt Touristen länger dort verweilen, anstatt Reykjavík nur als logistischen Versorgungsstopp am Anfang oder Ende einer Island-Rundreise anzusehen. Im Jahr 2000 wird Reykjavík Kulturhauptstadt Europas, 2011 zur 29. UNESCO-Literaturstadt gekürt. 2011 wird das Konzerthaus und Konferenzzentrum Harpa mit seiner auffälligen Fassade und seiner Nähe zum Meer eingeweiht – jedoch mit beträchtlicher Verzögerung der Fertigstellung, die sich durch in die Höhe geschnellten Baukosten erklären lässt. Der gesamte Transformationsprozess der Stadt kostet sehr viel Geld!

Und dennoch: Reykjavík hat große Pläne! Bis 2040 soll die Stadt klimaneutral und bis 2050 dann vollständig frei von fossilen Brennstoffen sein, indem der gesamte Verkehr auf Elektromobilität umgestellt ist. Die Anzahl der privaten PKW steigt in Island immer noch von Jahr zu Jahr deutlich an. Mittlerweile kommen auf 1000 Einwohner fast 750 PKW.[46] Und davon sind weniger als 5 % Autos mit Elektroantrieb. Die Benutzung des Fahrrades hat sich noch nicht als Verkehrsmittel durchgesetzt.[47] Dementsprechend ist die Luftverschmutzung durch den Autoverkehr immer noch vergleichsweise hoch.[48]

Zu dieser *Green-City*-Vision[49] gehört u. a. auch das Ziel, Reykjavík durch geeignete Maßnahmen vor den Einflüssen des Klimawandels zu schützen sowie den Anteil der CO_2-Fixierung durch Fassaden- und Dachbegrünung und urbane Landwirtschaft zu erhöhen. Projekte, die in Reykjavík bereits durchgeführt werden, sind Küstenschutzmaßnahmen, Baumpflanzaktionen auf Grünflächen und entlang von Straßen, Vergrößerung von natürlichen Versickerungsflächen oder auch Meldeplattformen für invasive Arten in der Hauptstadt.

Reykjavík steckt mitten in einem ökologischen Transformationsprozess, und erst die Zukunft wird zeigen, ob und wie dieser ambitionierte Plan einer *Green City* im Zusammenspiel der gesamtwirtschaftlichen und ökologischen Entwicklung Islands umgesetzt werden kann. Leicht wird der Weg nicht sein.

---

[44] Vgl. Aradóttir (2024).
[45] Vgl. Bernardi (2020) und *The City of Reykjavik* (2025a).
[46] Zum Vergleich: 2024 gab es in Deutschland 578 PKW pro 1000 Einwohner (Vgl. *Statistisches Bundesamt* [2024]).
[47] Vgl. Teitsson (2023).
[48] Vgl. Hjartardóttir (2020).
[49] Vgl. *The City of Reykjavík* (2025b).

Box 4 Von Alken und Nerzen, von Lärchen und Lupinen: Neuzeitliches Einwandern und Verschwinden bei Flora und Fauna

Die permanente Besiedlung Islands hat enorme Folgen für die vergleichsweise artenarme Flora und Fauna und die empfindliche Vegetation der Insel. Denn die ersten dauerhaften Siedler bringen bewusst auch Nutzpflanzen und Nutztiere aus ihrer europäischen Heimat mit nach Island. Diasporen[50] von zahlreichen weiteren Pflanzen werden zusätzlich unbewusst als Saatgutbeimischung oder an Gegenständen, Vorräten, Kleidung, Schuhen und Schiffen haftend nach Island verschleppt, ebenso wie kleinere Tiere oder deren Larven und Eier als blinde Passagiere mit nach Island reisen. Dadurch kommt es letztlich zu einer deutlichen Floren- und Faunenverschiebung, die sich bis heute fortsetzt. Damit reiht sich Island in das Schicksal der meisten abgelegenen Inseln unseres Planeten ein, die durch die Aktivitäten des Menschen global betrachtet zu einem Hotspot für nichtheimische Tier- und Pflanzenarten geworden sind und dadurch häufig mit großen ökologischen Problemen zu kämpfen haben.[51] Anders als jedoch viele tropische oder mediterrane Inseln ist Island nicht mit einer großen Zahl an endemischen Arten ausgestattet, sodass durch die zunehmende Einschleppung fremder Arten zumindest weniger sehr seltene Arten bedroht sind als anderswo. Neben den Pflanzen und Tieren sind von einer neuzeitlichen Einwanderung natürlich ebenso auch Pilze und Mikroorganismen betroffen, die hier aber nur am Rande erwähnt werden können.

Von den 530 auf Island etablierten Pflanzenarten gelten derzeit 426 sicher als nativ, 19 Arten sind als Archäophyten einzustufen und kommen bereits vor 1770 mit den ersten Siedlern nach Island. Anders als in Festlandeuropa, wo man das Jahr 1492 (bzw. 1500), also die Entdeckung Amerikas durch Christoph Kolumbus und somit den Beginn des weltweiten Seeschiffshandels als markante Grenze für einen vermehrten Austausch nicht heimischer Tier- und Pflanzenarten ansetzt, wählt man in Island hierfür das Ende des dänischen Handelsmonopols. Denn erst zu dieser Zeit beginnt sich der Warenaustausch mit Island zu intensivieren, was zu einer verstärkten Einschleppung von Pflanzen führt: 65 weitere Pflanzenarten können sich nachfolgend als Neophyten in der isländischen Flora etablieren.[52] Dies macht somit einen Anteil von mehr als 20 % nicht heimischer Arten an der Ge-

---

[50] Unter Diasporen versteht man allgemein die Verbreitungseinheiten von Pflanzen, also zumeist Samen oder Früchte. Bei vegetativer Fortpflanzung können aber auch ganze Pflanzenteile die Ausbreitung der Pflanze übernehmen.

[51] Dawson et al. (2017) konnten durch Analyse zahlreicher Studien feststellen, dass abgelegene Inseln zu den Hotspots der Verbreitung von Neobiota, also nicht heimischen Tier- und Pflanzenarten, zählen.

[52] Vgl. Wasowicz (2020).

samtflora aus und entspricht in etwa dem Anteil der nichtnativen Arten in Deutschland.[53] Die altheimischen Pflanzen wie Hirtentäschelkraut (*Capsella bursa-pastoris*) und Vogelwicke (*Viccia cracca*) sind fester Bestandteil der isländischen Flora geworden und in anthropogen geprägten Bereichen der Insel weit verbreitet.

Zu den heimischen und eingebürgerten Arten kommen auf Island allerdings noch weitere 282 nicht indigene Pflanzenarten, die nur als Zufällige gelegentlich und nicht dauerhaft auf Island gefunden werden können oder als Nutz- oder Zierpflanzen über einen begrenzten Zeitraum kultiviert werden.[54] Hierunter fallen beispielsweise auch der Saatlein (*Linum usitatissimum*) oder der Ackersenf (*Sinapis arvensis*). Diese Sippen beschränken sich zumeist auf den Großraum Reykjavík und andere dichter besiedelte Gebiete, in denen sich auch die meisten Einwanderungstore für exotische Pflanzen wie Häfen, Flughäfen, Baumschulen, Gärtnereien, Bauholzlager, Bäckereien, Tierfutterhandlungen, Pferdeställe, der Haustierpark im Laugardalur in Reykjavík oder von Touristen frequentierte Zeltplätze befinden. Zusätzlich sind gerade die dichter besiedelten Räume aufgrund stadtklimatologischer Effekte gegenüber dem ruralen Umland thermisch begünstigt und bieten daher auch exotischen Pflanzen eher günstigere Überlebenschancen.[55] Auch aus Privatgärten entweichen schließlich gelegentlich neue Pflanzen, wenn beispielsweise Privatpersonen trotz des bestehenden Einfuhrverbotes von Pflanzen oder Saatgut lebendes Pflanzenmaterial von Auslandsreisen mitbringen und im eigenen Garten ansiedeln. Dennoch können sich die über die verschiedenen Wege eingeführten Pflanzen in der Regel aufgrund der rauen klimatischen Bedingungen nicht dauerhaft in der freien Natur ansiedeln und sich somit auch nicht fortpflanzen oder verbreiten.[56]

Besonders auffällig ist die Verfremdung der isländischen Flora bei den Gehölzen. Als native Baum- und Straucharten treten in Island neben dem Wacholder (*Juniperus communis*) nur einige wenige waldbildende Laubgehölze aus den Gattungen Birke, Vogelbeere, Pappel und Weide (*Betula pubescens, Sorbus aucuparia, Populus tremula, Salix phylicifolia*) auf, die ursprünglich subarktische Birkenwälder geringer Höhe bildeten. Die seit dem Beginn des 20. Jahrhunderts neu aufgeforsteten Wälder tragen hin-

---

[53] Vgl. Kowarik (2003).

[54] Vgl. Wasowicz (2020).

[55] Vgl. Steinecke (1995a). In einer ausführlichen stadtökologischen Studie konnte Steinecke feststellen, dass in der dicht bebauten Innenstadt von Reykjavík der Anteil von eingebürgerten Hemerochoren mit fast 40 % deutlich gegenüber dem entsprechenden Anteil in der Gesamtflora Islands erhöht ist. Zudem waren unter den 20 häufigsten Pflanzenarten, die im Innenstadtgebiet wuchsen, sechs Arten (u. a. Einjähriges Rispengras *Poa annua* oder die Vogelmiere *Stellaria media*) die auch in anderen Hauptstädten West- und Mitteleuropas zu den häufigsten urbanophilen und ruderalen Arten gehören.

[56] Vgl. *Icelandic Institute of Natural History* (2024c).

gegen einen ganz anderen floristischen Charakter. Zur Aufforstung wurden und werden in der Regel Nadelgehölze aus nordamerikanischen, russischen und festlandseuropäischen (Alpen, Pyrenäen) Provenienzen benutzt.[57] Von den bisher über hundert verschiedenen Baumarten u. a. aus den Gattungen Tanne (*Abies*), Lärche (*Larix*), Picea (*Fichte*), Kiefer (*Pinus*), Douglasie (*Pseudotsuga*) und Hemlocktanne (*Tsuga*) zeigen sich nur wenige Arten geeignet. Heute haben sich insbesondere die Sibirische Lärche (*Larix sibirica*) und die Sitkafichte (*Picea sitchensis*) mit guten Wachstumserfolgen durchgesetzt.[58] Beide Baumarten gelten bereits als etabliert und breiten sich auch eigenständig auf Island aus.[59] Mittlerweile kann sogar der größte Anteil der isländischen Haushalte mit einem Weihnachtsbaum aus isländischer Kultur versorgt werden! Bei den kultivierten Laubbaumarten zeigen sich Balsam-Pappel (*Populus trichocarpa*) und Grauerle (*Alnus incana*) erfolgversprechend bei der Wiederaufforstung.

Unter den eingeführten Pflanzenarten finden sich auf Island glücklicherweise bisher nur wenige sog. invasive Arten, also solche Arten, die einheimische Ökosysteme durch Verdrängung heimischer Arten oder eine massenhafte Verbreitung aufgrund fehlender Fressfeinde empfindlich stören können oder auch aufgrund bestimmter giftiger Inhaltsstoffe eine Gefahr für die Gesundheit von Menschen und Nutztieren darstellen. Lediglich drei Pflanzenarten werden in Island als invasive Arten eingestuft.[60] Dies sind unter den Gefäßpflanzen die Alaska-Lupine (*Lupinus nootkatensis*) sowie der Wiesenkerbel (*Anthriscus sylvestris*). Die Alaska-Lupine ist im Zuge von Boden- und Erosionsschutzmaßnahmen wegen ihrer Symbiose mit stickstoffbindenden Knöllchenbakterien als Bodenverbesserer in Island gezielt seit der Mitte des 20. Jahrhunderts angesät worden. Sie erfreut Islandbesucher zwar durch ihre üppige blaue Blütenpracht in manch karger Region, hat sich aber selbstständig so stark ausgebreitet, dass natürliche, wenig konkurrenzstarke Pflanzengesellschaften wie Zwergstrauchheiden zunehmend verdrängt werden. Der Wiesenkerbel ist einst als Gartenpflanze nach Island gebracht worden und breitet sich ebenfalls rasant in natürliche Pflanzengesellschaften aus. Als dritte invasive Art gilt das aus subtropisch bis kalt-gemäßigten Breiten der Südhemisphäre stammende Kaktusmoos (*Campylopus introflexus*). Durch die Bildung sehr dichter und großflächiger Matten trägt das Kaktusmoos, das sich als invasiver Neophyt in Nordamerika und Europa stark in Ausbreitung befindet und somit über Sporen leicht an den Schulsohlen von Touristen eingeschleppt werden kann, zur Störung einheimischer Ökosystem bei. Es hat sich in Island selbstständig

---

[57] Vgl. Schmidt (1991).
[58] Vgl. Eysteinsson (2017).
[59] Vgl. Wasowicz (2020).
[60] Vgl. *Icelandic Institute of Natural History* (2024c).

v. a. in der Nähe der besonders schützenswerten geothermalen Quellen angesiedelt.

Ausbreitungsmodelle zeigen, dass in Zukunft durch den Klimawandel, wachsende Touristenzahlen und Handelsströme weitere fremde Pflanzen die Insel erreichen und die bereits vorhandenen Neophyten wachsende Areale einnehmen werden.[61] Vorsorglich ist die Einfuhr, der Anbau, der Handel und die Verbreitung von 15 nicht indigenen Pflanzenarten, die in anderen Regionen der Erde zu Problempflanzen geworden sind, auf Island verboten, darunter die Wasserpest (*Elodea canadensis*), die Kanadische Goldrute (*Solidago canadensis*) oder der Riesenbärenklau (*Heracleum manteazzianum*). Darüber hinaus dürfen generell nicht heimische Pflanzen nicht in Naturschutzgebieten sowie in Höhenlagen über 400 m kultiviert werden, um die sensible Vegetation des isländischen Hochlandes zu schützen.[62]

Gleichzeitig mit der Einbürgerung und Verbreitung neuer Pflanzenarten kann in den letzten Jahrzehnten auch ein Rückgang der Verbreitung einiger heimischer Pflanzenarten festgestellt werden. Nach der aktuell für Island gültigen Roten Liste aus dem Jahr 2018[63] gelten auf Island eine Pflanzenart (Grönland-Primel, *Primula egaliksensis*) als ausgestorben oder verschollen, acht Sippen als vom Aussterben bedroht, sieben Arten als stark gefährdet und 31 Arten als gefährdet. Bei diesen 47 in Island geschützten Sippen handelt es sich aber wie bei der bereits ausgestorbenen in erster Linie um Arten, die von Natur aus z. B. als eiszeitliche Relikte auf Island selten sind und nicht durch die direkte Tätigkeit des Menschen in ihrem Bestand dezimiert worden sind. Dennoch ist es verboten, diese Arten auszugraben oder Blüten, Wurzeln und Zweige abzubrechen oder anders zu beschädigen.[64]

Auch in der isländischen Tierwelt ist eine anthropogene Veränderung deutlich zu erkennen. Vor der Besiedlung durch den Menschen ist das größte Landsäugetier Islands der Polarfuchs (*Vulpes lagopus*) (s. BOX 4.1), Großherbivore fehlen gänzlich. Als erste nicht indigene Säugetierarten werden von den frühen Siedlern Schafe, Ziegen, Rinder und Pferde nach Island gebracht. Insbesondere Schafe und Pferde sind als wichtige Grundlage der Erschließung der Insel und des Überlebens der isländischen Bevölkerung anzusehen. Ohne Fleisch und Wolle der Schafe und die Transport- und Arbeitskraft der robusten isländischen Pferde hätte die isländische Bevölkerung vermutlich die zahlreichen Katastrophen und Hungerzeiten der Vergangenheit nicht überstehen können (Vgl. Kap. 3). Bezahlen müssen die Isländer den Vorteil, den sie durch Schaf und Pferd gewonnen haben, bis heute mit einer großen Entwaldung und der nachfolgenden Bodenerosion durch die Herbivoren.

---

[61] Vgl. Wasowicz et al. (2013).
[62] Vgl. *Icelandic Institute of Natural History* (2024c).
[63] Vgl. *Icelandic Institute of Natural History* (2024b).
[64] Vgl. *Icelandic Institute of Natural History* (2024b).

Polarfuchs, größtes heimisches Landraubtier Islands. (Foto: Karin Steinecke, Juli 2000), *Ex-BOX 4.1 (Polarfuchs)*

Im Lauf der Geschichte folgen zahlreiche weitere Säugetierarten den Menschen nach Island: Waldmaus (*Apodemus sylvaticus*), Hausmaus (*Mus musculus*), Wander- und Hausratte (*Rattus norvegicus, R. rattus*) integrieren sich ohne größere Auswirkungen in die isländische Fauna, wobei die Einführung der Ratten (und mit ihnen die des Rattenflohs) eine Verbreitung der Pest auch im abgelegenen Island verursacht hat. Diese Tierarten gelten heute als Teil der nativen Fauna Islands. Alle Arten, die nach 1750 Island erreichen, werden hingegen als eindeutig hemerochor bezeichnet. Zu erwähnen ist insbesondere der Amerikanische Nerz oder Mink (*Mustela vison*), der ab den 1930er-Jahren in Island zur Pelzzucht gehalten wird. Entwichene Tiere verbreiten sich sehr schnell über ganz Island, werden zu einem Nahrungskonkurrenten für den heimischen Polarfuchs und bedrohen bis heute die Seevogelbestände an den Klippen Islands. Der Mink wird daher in Island als invasive Art gelistet und ist zum Abschuss freigegeben.[65] Bewusst werden auf Island zu Jagdzwecken mehrfach an verschiedenen Stellen zwischen 1771 und 1931 Schneehasen (*Lepus timidus*), Moschusochsen (*Ovibus moschatus*) und Rentiere (*Rangifer tarandus*) aus Norwegen ausgesetzt, die aber bis auf eine Population von Rentieren am Vatnajökull nicht überleben.[66] Die Rentierpopulation liegt derzeit etwa bei 7000 Tieren und scheint den Ökosystemen auf Island nicht zu schaden. Dennoch wird der Bestand seit 1990 durch ein nachhaltiges Jagdmanagement der staatlichen Umweltbehörde kontrolliert.[67] Kaninchen (*Oryctolagus cuniculus*) entstammen der Haustierhaltung und sind nur in besiedelten Gebieten anzutreffen.

---

[65] Vgl. *Icelandic Institute of Natural History* (2024d).
[66] Vgl. Schmidt (1991).
[67] Vgl. *Icelandic Institute of Natural History* (2024e).

Unter den Invertebraten sind in Island ebenfalls zahlreiche Neobiota zu finden mit einer sich durch den Klimawandel und die verstärkten Handels- und Reisebewegungen zu erklärenden stark zunehmenden Tendenz. So sind beispielsweise allein von den fast 200 auf Island bekannten Schmetterlingsarten gut 40 % eingeführt.[68] In anderen Insektengruppen sind diese Prozentsätze noch sehr viel höher (z. B. bei den Marienkäfern *Cocccinellidae* oder den Bockkäfern *Cerambycidae* über 90 %). In den letzten Jahrzehnten wird auch immer wieder von wahren Wespenplagen in Island berichtet, die so früher nicht bekannt waren.

Invertebrate Kleintiere gelangen v. a. mit eingeführtem Pflanzenmaterial und Blumenerde nach Island, weshalb geplant ist, zukünftig stärker auf eine Dekontamination solchen Materials zu achten.[69] Besonderes Augenmerk wird dabei auf drei weitere als invasiv eingestufte Arten gelegt. Dies sind die Spanische Wegschnecke (*Arion vulgaris*), die bisher zwar noch recht selten vorkommt, aber ein großes Potenzial zu starker Ausbreitung hat, die aus Nordamerika stammende Blasenschnecke (*Physella heterostropha*), die in Konkurrenz zu nativen Süßwasserschnecken steht, sowie die Helle Erdhummel *(Bombus lucorum)*, die nach neueren Studien die kleinere, aber einzige heimische Hummelart, die Heidehummel (*Bombus jonellus*), aus natürlichen Habitaten verdrängt.

Als erste ausgerottete Säugetierart, die zumindest gelegentlich an nordisländischen Küsten gelebt hat, darf das Walross (*Odobenus rosmarus*) gelten, das bereits in der Zeit der Landnahme der Beschaffung des wertvollen Elfenbeins zum Opfer gefallen ist (s. Kap. 1.2).[70]

Traurige Berühmtheit erlangt der flugunfähige Riesenalk (*Pinguinus impennis*), der mit einer beeindruckenden Körpergröße von 70 bis 85 cm früher häufig auf flachen Klippen im Nordatlantik gebrütet hat, bis er als leicht zu erlegende Jagdbeute immer weiter im Bestand zurückgeht. Im Juni 1844 werden die letzten beiden Exemplare auf der zu Island gehörenden Insel Eldey getötet. Weitere vom Aussterben bedrohte und gebietsweise ausgerottete Vogelarten Islands sind der Haussptaz (*Passer domesticus*), der in Island stets nur ein kleines Areal eingenommen hat, der Krabbentaucher (*Alle alle*) sowie die Wasserralle (*Rallus aquaticus*). Auch der Papageitaucher (*Fratercula arctica*), der schon fast als der Nationalvogel von Island angesehen werden mag und das Herz eines jeden Islandreisenden höher schlagen lässt, wird mittlerweile als stark gefährdet angesehen; die Populationen sind weltweit und auch auf Island stark rückläufig. Gründe hierfür liegen in der Verschmutzung und Erwärmung der Meere, der intensiven Nutzung von küstennahen Gewässern durch Fischerei und in der Jagd, die in Island jahrhundertelang sehr intensiv betrieben worden ist, aber heute kaum noch durchgeführt wird.[71] Aus der Gruppe der Säugetiere stehen in Island

---

[68] Vgl. *Náttúrúfræðistofnun Íslands* (2024).
[69] Vgl. *Icelandic Institute of Natural History* (2024d).
[70] Vgl. Keighley et al. (2019).
[71] Vgl. *Icelandic Institute of Natural History* (2024f).

fünf Arten auf der Roten Liste.[72] Diese sind allesamt Meeressäuger, darunter der Grauwal (*Eschrichtius robustus*), der Atlantische Nordkaper (*Eubalaena glacialis*) und der Gemeine Seehund (*Phoca vitulina*). Auch hier sind in erster Linie Übernutzungen und Verschmutzung der Meere für den Populationsrückgang verantwortlich. Häufigste Walarten in den Küstengebieten von Island sind Finnwal (*Balaenoptera physalus*) und Minkwal (*Balaenoptera acutorostrata*), die auch weiterhin bejagt werden.

Die Zahl der nach Island eingeschleppten Mikroorganismen ist nicht abschätzbar. Viele dieser Organismen können als gefährliche pathogene Keime großen Schaden anrichten. So wird schon seit Langem darauf geachtet, dass Besucher aus dem Ausland bei der Einreise ihr mitgebrachtes Angel- und Reitequipment desinfizieren. Allgemein ist auch bekannt, dass Islandpferde, die einmal das Land verlassen haben, nie wieder zurück nach Island dürfen, um – neben einer Reinhaltung der Rasse – eine Einschleppung verschiedener Pferdeseuchen nach Island zu vermeiden. Und nicht zuletzt: Trotz intensiver Gesundheitskontrollen und Einreiseverboten und trotz isolierter Insellage hat es auch in Island im Jahre 2020 nur wenige Wochen gedauert, bis die erste Infektion mit COVID-19 in Island aufgetreten ist (28. Februar 2020,[73] zum Vergleich Deutschland: 27. Januar 2020).

Box 5 Das Klima ändert sich rapide ... mit Folgen

Der anthropogene Klimawandel macht sich v. a. in arktischen Regionen bemerkbar. Besonders wichtig sind hierbei verschiedene selbstverstärkende Rückkopplungseffekte zwischen Atmosphäre, Ozean, Meer- und Gletschereis sowie (saisonal schneebedecktem) Land. Die Abschwächung des Jetstreams mit zunehmenden Warmlufttransporten in hohe Breitengrade und die Abnahme der Meereisbedeckung mit Verringerung der Albedo spielen dabei eine wichtige Rolle.

Somit ist auch Island mit seiner subarktischen Lage im Nordatlantik natürlich von der globalen Klimaveränderung stark betroffen.

Die ältesten instrumentellen Temperaturaufzeichnungen in Island stammen von der Wetterstation Stykkishólmur auf der Halbinsel Snæfellsnes und beginnen im Jahr 1854. Sie reichen also zurück bis zum Ende der „Kleinen Eiszeit", als die holozänen Gletscher ihre größte Ausdehnung aufwiesen und häufig Meereis an der nord- und ostisländischen Küste auftrat. Ab etwa 1920 zeigt sich eine mit Schwankungen versehene, jedoch kontinuierliche Er-

---

[72] Vgl. *Icelandic Institute of Natural History* (2024 g).
[73] Vgl. Gunnarsson, F. G. (2020).

wärmung. In den 1930er- bis frühen 1960er-Jahren bewegen sich die gesamtisländischen Jahresmitteltemperaturen zwischen 1,5 und 1,9 °C.[74] Es folgt in den 1970er- und 1980er-Jahren eine kühlere Phase; die tiefste Jahresmitteltemperatur des 20. Jahrhunderts für ganz Island beträgt –0,51°C (1979).

Der rapide Anstieg der mittleren Jahrestemperatur ab Mitte der 1990er-Jahre erreicht 2001 mit +2,79 °C und 2014 mit +2,82 °C Maximalwerte, und der Trend liegt seit 1980 bei 0,47 °C pro Dekade.[75] Das ist fast das Dreifache des globalen Temperaturanstiegs.

Die Jahresniederschläge sind im 20. Jahrhunderts ebenfalls angestiegen. Liegen sie Anfang des Jahrhunderts im Tiefland noch bei etwas unter 1000 mm, fallen hundert Jahre später 1100 bis 1200 mm Niederschlag. Für das Hochland existieren deutlich weniger Messungen; die dortigen mittleren Niederschläge werden jedoch auf 1500 bzw. 1700 mm im Jahre geschätzt.[76]

Für das 21. Jahrhundert wird ein Anstieg der Jahresmitteltemperaturen um 0,16 bis 0,28 °C pro Dekade auf bis 2,4 bis 4,0 °C (je nach angenommenem Szenario) verzeichnet.[77]

Die Folgen dieser beträchtlichen Klimaveränderungen sind vielfältig. Hier einige ausgewählte Problemkomplexe:

- Auf die beachtliche Erwärmung der Atmosphäre reagieren die **Gletscher** mit Massenverlusten und Rückzug. Kleinere Gletscher sind davon besonders betroffen. Der kleine Gletscher Ok ist seit 2019 gänzlich verschwunden (s. Kap. 1). Die Auslassgletscher des Vatnajökull im maritim geprägten Südosten des Landes weisen die höchsten Massenverluste auf und gehören zu den am raschesten abschmelzenden Gletschern weltweit. Hier werden Rückzugswerte von teilweise mehr als 500 m pro Jahr erreicht. Die pessimistischsten Szenarien prognostizieren für 2100 für den Langjökull einen Eisrückgang von etwa 85 % und für den Hofsjökull von etwa 60 %.
- Hierdurch wird zunächst vermehrt Schmelzwasser generiert, ein vollständiges Abschmelzen aller isländischen Gletscher würde weltweit den Meeresspiegel um 1 cm ansteigen lassen. Die hydrologischen Bedingungen und z. T. auch Flussläufe auf der Insel verändern sich. Nach dem massiven Gletscherschwund wird der Abfluss gegen Ende des 21. Jahrhunderts deutlich zurückgehen[78] mit negativen Konsequenzen für

---

[74] Bei den hier genannten Werten handelt es sich um Angaben, die für die ganze Insel errechnet sind, in die also auch die ausgedehnten, hoch gelegenen kälteren Flächen des Inlandes und der Hochgebirge eingehen. Die Werte für die allermeisten Klimastationen, die im küstennahen Tiefland liegen, bewegen sich zwischen 4,5 und 5,5 °C.

[75] Vgl. *Icelandic Met Office* (2024) und *Climate Change Knowledge Portal* (2025).

[76] Vgl. *Icelandic Met Office* (2024).

[77] Vgl. *ClimateChangePost (b)* (aufgerufen Februar 2025).

[78] Vgl. *Icelandic Met Office* (2024).

die Hydroenergiegewinnung. Durch das Verschwinden der isländischen Gletscher wird es außerdem nach Einschätzung von Experten zu einer erhöhten Ausbruchsaktivität subglazialer Vulkane kommen, da der abnehmende Druck des Eises zu einer Hebung der Erdkruste und zu einer Entleerung von Magmakammern führen kann.[79]

- Der in höheren Lagen noch existierende **Permafrost** löst sich zunehmend auf und lässt besonders die Steilhänge der Trogtäler instabil werden. Erdrutsche, Steinlawinen und Murabgänge sind die Folge mit der Gefährdung von Siedlungen und Straßen.
- Die **Erwärmung des Ozeanwassers** und das schwindende Meereis wirken sich auf Meeresströmungen, Wassertemperaturen sowie Salz- und Nährstoffgehalte der um Island liegenden Meeresgebiete aus. Dies wiederum verursacht Veränderungen der Bestandsgrößen, der Laichregionen und des Wanderverhaltens verschiedener pelagischer Fischarten. Haben die Laichplätze des mit Fangmengen von jährlich etwa 250.000 t wichtigsten Speisefisches, des Kabeljaus, vor der Erwärmung des Meerwassers vornehmlich auf dem südisländischen Schelf gelegen, finden sie sich heute überwiegend vor der Nordküste, adulte Tiere wandern in nördliche Seegebiete ab, ein Trend, der sich vermutlich in den kommenden Jahrzehnten bei Erwärmung des Meerwassers in isländischen Gewässern um 2 bis 4°C fortsetzen wird.[80] Ähnliches gilt für Lodde und auch benthisch lebende Fischarten wie Schellfisch (*Melanogrammus aeglefinus*) und Seeteufel (*Lophius piscatorius*). Andererseits ist seit 2010 das Einwandern von Makrele (*Scomper scombrus*) aus etwas wärmeren südlichen Bereichen des Nordatlantiks zu beobachten.[81] Insgesamt gehen Prognosen davon aus, dass der Klimawandel großen Einfluss auf die isländische Fischereiwirtschaft haben wird, jedoch durch neue und veränderte Bestände nicht unbedingt negativ.[82] Erwähnenswert ist in diesem Zusammenhang auch, dass durch das schrumpfende Meereis nach 2060 kein Treibholz aus Sibirien, das dort von Flüssen ins Meer gespült wird und für die Geschichte Islands von größter Bedeutung war (Vgl. Kap. 2), mehr Island erreichen wird. Nicht im Meereis festgefrorene Stämme sinken bereits nach wenigen Wochen vollgesogen auf den Meeresgrund und sind somit für Island nicht mehr verfügbar.[83]

---

[79] Vgl. Deutsch-Isländische Gesellschaft Bremerhaven/Bremen (2020).
[80] Vgl. *Responsible Fisheries Iceland* (aufgerufen Februar 2025) und Drinkwater (2005).
[81] Vgl. *Icelandic Met Office* (aufgerufen Februar 2025).
[82] Vgl. Arnarson (2008).
[83] Vgl. Seliger (2022).

- Die **Atmosphärenerwärmung** hat i. W. positive Effekte auf das Pflanzenwachstum und somit auf die Vegetation und Landwirtschaft. In den kommenden 25 Jahren wird die Heuproduktion wegen der längeren und intensiveren Vegetationsperiode, geringeren Winterschäden und der Zunahme landwirtschaftlich hochwertiger Grasarten wie Liesch- (*Phleum pratense*) und Weidelgras (*Lolium perenne*) ansteigen. Die Weidezeit für Schafe im Freiland wird ebenfalls zunehmen.
- Am bedeutendsten aber wird sich die Erwärmung beim Anbau von Getreide zeigen, und zwar nicht nur zur Futtergewinnung, sondern auch als Brotgetreide wie Roggen und Winterweizen. Dies gilt v. a. für das klimatisch ohnehin günstigere Tiefland im Westen und Südwesten. Auch die Ernteerträge von im Freien angebauten Kartoffeln, Rüben und Karotten werden steigen.[84]
- Die Höhengrenze für den Anbau – auch für die Aufforstung – steigen an. Sie ist für die produktive Forstwirtschaft seit den 1980er-Jahren um etwa 100 m gestiegen.
- Allerdings nimmt bei zunehmender Wärme und Feuchte auch die Anfälligkeit gegenüber Pflanzenkrankheiten und Insektenkalamitäten zu, sodass eventuell der Einsatz von mehr Pflanzenschutzmitteln notwendig wird.
- Durch den Klimawandel wird schließlich die Ausbreitung vieler weiterer – teilweiser invasiver – **Neobiota** in Island verstärkt werden, was zu einer Bedrohung für empfindliche Ökosysteme werden könnte.[85] Die als forstwirtschaftliche Art gepflanzte Drehkiefer (Vgl. Kap. 5 und Box 4) wird sich beispielsweise invasiv in natürliche Birkenwälder und Heidegesellschaften ausbreiten, wenn nicht rechtzeitig ein vorbeugendes Management gegenüber dieser Art etabliert wird.[86] Unter den Neobiota werden aber auch viele Schädlinge, Parasiten, Keime und Erreger sein, die die Gesundheit des Menschen und seiner Nutztiere und Nutzpflanzen auf Island gefährden werden.

---

[84] Vgl. *ClimateChangePost (a)* (aufgerufen Februar 2025).
[85] Vgl. Wasowicz et al. (2013).
[86] Vgl. Wasowicz et al. (2025).

6

In der Moderne angekommen

Heutige Probleme und Antwortmöglichkeiten

Island präsentiert sich heute als ein moderner Industrie- und Wohlfahrtsstaat. In vielen global erhobenen Rankings steht Island weit vorn. So beträgt das Bruttoinlandsprodukt (BIP) pro Kopf in Island 2023 83.485 US$, Tendenz steigend. Damit steht Island auf Platz 6 der Weltrangliste, kaufkraftbereinigt auf Platz 12.[1] Im Ranking des Index der menschlichen Entwicklung (*Human Development Index,* HDI, 2022) erreicht Island Platz 3[2] ebenso wie in der Liste des Welt-Glücks-Berichtes (*World Happiness Report,* 2023).[3] Wohlstand, Lebensqualität und Zufriedenheit der Menschen in Island sind also offenbar recht hoch anzusetzen, auch wenn es davon selbstverständlich individuelle Ausnahmen gibt. Aber was bedeutet dieser Wohlstand für die Umwelt und Natur auf diesem kleinen Eiland? Mit welchen negativen Folgen erkauft man sich dieses Wohlergehen und den Luxus? Wichtig ist dabei auf jeden Fall zu berücksichtigen, dass Island ein sehr kleines und bevölkerungsarmes Land ist, sodass die absoluten Zahlen des Energieverbrauchs, der Landnutzungsänderungen und der Emissions- oder Abfallmengen eher vergleichsweise gering, aber eben nicht vernachlässigbar sind.

In verschiedenen Rankings, die neben sozialen und wirtschaftlichen Aspekten auch ökologische und Nachhaltigkeitsaspekte einbeziehen, schneidet Island jedenfalls deutlich schlechter ab als bei den zuvor aufgelisteten Indikatoren. Der jährlich ermittelte SDG-Index, der quantitativ angibt, wie gut die 17 UN-Ziele der nachhaltigen Entwicklung *(Sustainable Development Goals)* bisher erreicht wurden, beträgt für Island 79,53 (2024) und bringt Island damit nur auf Rang 19.[4] Für Island werden insbesondere stagnierende Entwicklungen bzw. Defizite bei der

---

[1] Vgl. *International Monetary Fund* (2024); und Marx (2024) sieht Island im BIP-Ranking auf Platz 8!

[2] Vgl. *UNDP* (2024).

[3] Vgl. Helliwell et al. (2024).

[4] Vgl. *Sustainable Development Solutions Network* (2024).

© Der/die Autor(en), exklusiv lizenziert an Springer-Verlag GmbH, DE, ein Teil von Springer Nature 2025
J. F. Venzke und K. Steinecke, *Umweltgeschichte Islands,*
https://doi.org/10.1007/978-3-662-71279-5_6

Erreichung der Ziele 2 (Kein Hunger: Ernährungssicherheit, bessere Ernährung und nachhaltige Landwirtschaft), 12 (Nachhaltiger Konsum und Produktion), 13 (Maßnahmen zum Klimaschutz: Sofortmaßnahmen zur Bekämpfung des Klimawandels) sowie 15 (Leben an Land: Landökosysteme schützen, Wälder nachhaltig bewirtschaften, Bodendegradation und Verlust der Biodiversität beenden) genannt. Auch im Ranking des Index des glücklichen Planeten (HPI, *Happy Planet Index*, 2016) liegt Island wegen seines überdurchschnittlich großen ökologischen Fußabdruckes von 24,4 globalen Hektar pro Person[5] abgeschlagen nur auf Platz 39.[6] Auf der Liste der Länder nach Energieverbrauch pro Kopf landet Island nach Katar mit 165.871 kWh/J (2022) gar auf Platz 2[7]! Lange Zeit lagen in Island Umweltschutz und nachhaltiges Wirtschaften weniger im Fokus als in anderen Industrienationen. In vielen Bereichen hat Island aber deutlich aufgeholt und kann sogar eine Vorbildrolle einnehmen.

So gehört Island zu den acht Staaten der Welt, deren Anteil erneuerbarer Energien (Strom aus Wasserkraft, Sonnen- und Windenergie, Biomasse, Geothermie sowie von Wellen- und Gezeitenkraftwerken) an der Gesamtstromproduktion 100 % beträgt.[8] Wie bereits dargestellt, ist Island weitgehend energieautark. Allerdings darf nicht vergessen werden, dass auch in Island fossile Brennstoffe unabdingbar sind. So ist der Erdöl-Verbrauch zwar seit den 1960er-Jahren stark gesunken, beträgt aber immer noch knapp 10 % des Primärenergieverbrauchs des Landes.[9] Immerhin werden 300.000 t Öl jährlich durch den Kfz-Verkehr verbraucht, weitere 175.000 t für den Betrieb der Fischfangflotte, 140.000 t für den Luftverkehr sowie 50.000 t für den übrigen Seeverkehr.[10] Ferner ist zu bedenken, dass Island nicht über die meisten der kritischen Rohstoffe, die zum Einsatz regenerativer Energien nötig sind wie z. B. Seltene Erden, selber verfügt.[11] Somit kann Island auch in Zukunft nicht unabhängig von anderen Nationen sein.[12] Die isländische Regierung hat einen Zukunftsplan erstellt, wie die Energieversorgung Islands bis zum Jahr 2050 aussehen soll. Leitziel ist es, bis dahin Island zu einem Land sauberer und sicherer Energie zu machen mit Vorteilen für Wirtschaft und Gesellschaft bei gleichzeitigem Schutz der Umwelt und einer erreichten CO_2-Neutralität.[13]

---

[5] Vgl. *Global Footprint Network* (2025).
[6] Vgl. Jeffrey et al. (2016).
[7] Vgl. Roser & Ritchie (2022).
[8] Vgl. Ritchie et al. (2020).
[9] Vgl. *Statistics Iceland* (2024a).
[10] Vgl. *Orkustofnun* (2022b).
[11] Vgl. Schröder (2022).
[12] Der fiktive Roman *Blackout Island* (2018; Originaltitel *Eyland*, also Inselland) von *Sigríður Hagalín Björnsdóttir* zeigt sehr deutlich die heute vorhandene Abhängigkeit Islands in vielen Bereichen vom Rest der Welt (vgl. Björnsdóttir 2018).
[13] Vgl. *Government of Iceland* (2020).

6.1 Nutzung von geothermaler Energie

Die Erdwärmenutzung nimmt sowohl in Island als auch weltweit kontinuierlich zu. 2020 nutzen bereits mehr als 31 Staaten der Welt die Geothermie zur Stromerzeugung und fast 90 Staaten zur Wärmegewinnung. Dabei beträgt die in geothermalen Kraftwerken installierte geothermische Nennleistung weltweit mindestens 16.000 MW.[14] Die Stromerzeugung erfolgt im Allgemeinen durch tiefe Geothermie, also durch das Erbohren hydrothermaler Lagerstätten bzw. das Erschließen wenig permeabler heißer Gesteine durch das Einbringen eines Wärmeträgermediums in Tiefen von mehr als 400 m. Wassertemperaturen von über 100 °C sind dafür unabdingbar. Island steht weltweit mit 756 MW an Position 9 der Liste der Länder mit geothermaler Stromerzeugung.[15]

Die Erzeugung von Wärme erfolgt in den vulkanisch aktiven Gebieten der Erde wie in Island parallel zur Stromgewinnung. Außerhalb von Geothermalgebieten geschieht die Wärmeproduktion hingegen durch oberflächennahe Erdwärmekollektoren, Erdwärmesonden und Wärmebrunnen bis 400 m Tiefe. Für diesen Prozess des Erdwärmetransportes sind strombetriebene Wärmepumpen mit Kältemitteln notwendig. Bei der geothermischen Wärmeproduktion nimmt Island mit 9,3 Mio. MWh/J im Ländervergleich den Rang 6 ein.[16]

Dass Island beim internationalen Ranking der Nutzung der Geothermie in absoluten Energiemengen nicht auf den vordersten Plätzen erscheint, sollte nicht darüber hinweg täuschen, dass Island heute wohl weltweit als führend in der Anwendung von Geothermalenergie gilt – sowohl bezogen auf die dort entwickelten und verwendeten Technologien als auch hinsichtlich des Anteils der Nutzung von Erdwärme. Allerdings ist Island ein sehr kleines Land mit einem insgesamt vergleichsweise geringen absoluten Energiebedarf, das sein großes Potenzial an geothermaler Energie noch längst nicht ausgeschöpft hat. Bislang wird die Erdwärme in neun größeren Geothermalkraftwerken mit nachfolgend aufgeführter Leistung nutzbar gemacht: im Südwesten Hellisheiði (303,4 MW), Nesjavellir (120 MW), Reykjanes (100 MW), Svartsengi (76,4 MW) und Fluðir (0,6 MW), im Norden Þeistarey (90 MW), Krafla (60 MW), Bjarnarflag (5 MW) und Húsavík (2 MW). Die Nutzung der gesamten zur Verfügung gestellten Energie entfällt zu 77,3 % auf die geothermale Hausbeheizung, an die mehr als 90 % aller isländischen Haushalte angeschlossen sind, zu 6,8 % auf die Beheizung von Schwimmbädern, zu 5,7 % auf die Fischzucht, zu 4,8 % auf Gehwegheizungen, zu 3,5 % auf verschiedene Industrien wie z. B. die Meersalzgewinnung auf Reykjanes und zu 1,8 % auf die Beheizung von Gewächshäusern.[17] Dabei ist die winterliche Beheizung von Gehwegen besonders im Großraum Reykjavík und in Akureyri durch

---

[14] Vgl. *International Geothermal Association* (2025).
[15] Vgl. *Statista* (2025).
[16] Vgl. Dachverband Geothermie-Schweiz (2024).
[17] Vgl. *Orkustofnun* (2022b).

Abb. 6.1 Verlegung von geothermaler Straßenbeheizung in der Innenstadt von Reykjavík. (Foto: Jörg F. Venzke, Juli 2014)

im Boden verlegte Schläuche, durch die Wasser aus dem Fernwärmesystem geleitet werden, sicher ein Spezifikum für Island (s. Abb. 6.1).

In Island ist die nationale Energiebehörde *Orkustofnun* für den Ausbau der Stromerzeugung und die Regulierung des Strommarktes zuständig. Betrieben werden die einzelnen Kraftwerke von verschiedenen Energieunternehmen wie z. B. *Orkiveita Reykjavíkur, Landsvirkjun* oder *Mannvit Engineering*. Viele technische Entwicklungen im Zusammenhang mit der Nutzung der Erdwärme wurden und werden in Island gemacht und erprobt. Große Hoffnungen setzt man in Island z. B. auf die Nutzung überkritischer Geothermie, bei der mehr als 400 °C heißes superkritisches Fluid[18] aus 5000 m Tiefe gefördert wird. Die superkritische Geothermie gilt als einer der Joker der Energiewende, da damit die zehn- bis zwanzigfache Energiemenge gegenüber herkömmlicher Geothermie erzeugt werden könnte.[19] Das *Icelandic Deep Drilling Projekt* (IDDP) hat zwischen den Jahren 2000 und 2017 mehrere erfolgreiche Testbohrungen u. a. im Reykjanes-Kraftwerk durchführen können.[20] Weitere Testungen und Entwicklungen sind aber noch notwendig, bis die Technologie real einsatz- und vermarktbar ist.

Im Zusammenhang mit den Untersuchungen zum Umgang mit superkritischem Fluid steht auch noch ein weiteres innovatives Forschungsvorhaben, das in der

---

[18] Superkritisches Fluid: aggressives Gemisch aus Wasser, Wasserdampf und Salzen.
[19] Vgl. *Bundesverband Geothermie* (2020).
[20] Vgl. Urban (2017) und *DEEPGES Geothermal* (2020).

6.1 Nutzung von geothermaler Energie

derzeitigen Klimakrise Bedeutung gewinnen könnte. Hierbei geht es um die CCS-Projekte *(Carbon Capture and Storage)* der Firma *Carbfix* der Universität Reykjavík, die Verfahren erprobt, CO_2 als Feststoff in tiefen Basaltgesteinen sicher und permanent zu speichern. Dieses Verfahren soll sowohl für CO_2 direkt aus Emissionen der Industrie als auch für CO_2 in der Atmosphäre angewendet werden und ist bereits am Geothermalkraftwerk Hellisheiði erprobt worden. Geplant ist dabei, dass Island hochkonzentriertes CO_2-Fluid per Schiff oder Pipeline aus Großbritannien oder Nordeuropa annimmt und in Gegenden mit geeignetem Lagergestein transportiert. Ein erstes Terminal soll dafür in SW-Island gebaut werden.[21]

Prognosen von *Orkustofnun* folgend wird und muss die Nutzung der Geothermie in Island in den nächsten 40 Jahren wegen Bevölkerungswachstum, Abkehr von fossilen Rohstoffen, dem Ausbau der Aquakulturen und der Ansiedlung weiterer Industrien deutlich ausgebaut werden. Es wird mit einem jährlichen Anstieg um etwa 1,2 % gerechnet, sodass der Verbrauch von heute (2020) 35 PJ auf 57,2 PJ im Jahr 2060 ansteigen wird. Insgesamt werden dann etwa 94 % der isländischen Haushalte geothermal beheizt sein. Dieser zusätzliche Bedarf wird in Zukunft durch Erhöhung der Leistungen bestehender Geothermalkraftwerke sowie durch neue Bohrungen bereitgestellt werden.[22]

Ein großer Vorteil der Nutzung von Erdwärme liegt in ihrer kontinuierlichen und mancherorts fast unerschöpflichen Verfügbarkeit. Es darf aber nicht übersehen werden, dass auch die Nutzung geothermaler Energie mit Nachteilen oder gar Risiken verbunden ist. So ist die tiefe Geothermie u. U. mit der Freisetzung großer Mengen an CO_2, H_2S und natürlichen Radionukliden gekoppelt, die durch Filter zurückgehalten werden müssen. Zusätzlich können durch die Tiefenbohrungen Grundwasserstände abgesenkt und seismische Ereignisse oder Wasserdampfexplosionen ausgelöst werden. Die für Reykjavík namensgebenden heißen Quellen im Laugardalur, die noch bis Anfang des 20. Jahrhunderts zum Wäschewaschen genutzt werden, sind nach der großtechnischen Nutzung des Warmwasserreservoirs versiegt. Beim im Einzugsgebiet der Krafla in Nordisland gelegenen Kraftwerk Bjarnarflag kommt es Ende der 1970er-Jahre zu einer Eruption von Magma aus einem Bohrloch. Auch bei einer Tiefbohrung im Rahmen des IDDP-Projektes wird 2009 in 2100 m Tiefe flüssiges Gestein erbohrt, eine gefährliche Wasserdampfexplosion oder eine Lavafontäne bleiben glücklicherweise aus.[23] Darüber hinaus sind Geothermalanlagen in vulkanischen Gebieten durch Erdbeben und Vulkanausbrüche gefährdet. So wird der Ausbau des Geothermiekraftwerkes Krafla durch eine Serie von Vulkanausbrüchen zwischen 1975 und 1984, den sog. Kröflueldar, unterbrochen und die zweite geplante Dampfturbine erst 1996 installiert. Durch die Ausbrüche des Svartsengi-Vulkansystems auf Reykjanes (s. Kap. 5) ab Dezember 2023 ist bisher zwar nicht das Kraftwerk direkt beeinträchtigt, jedoch werden mehrfach Fernwärmeleitungen und Zufahrtsstraßen u. a.

---

[21] Vgl. Vollmer et al. (2021), Müllerwiebus (2023), *UBA* (2024) und *ITG* (2011).
[22] Vgl. *Orkustofnun* (2022a).
[23] Vgl. Podbregar (2023).

zum direkt am Kraftwerk gelegenen Geothermalbad *Bláa Lónið* („Blaue Lagune") zerstört.[24]

Weiterhin ist zu bedenken, dass durch die Installation von Geothermalkraftwerken u. U. auch wertvolle Geotope zerstört bzw. empfindlich gestört werden können. Wer einmal die Heißquellengebiete im Haukadalur oder Námaskarð in Island besucht hat, wird zustimmen, dass diese Gebiete von unvergleichbarer Naturschönheit sind und daher als touristische Highlights und im Sinne der Bio- und Geodiversität erhalten bleiben müssen. Naturschutz und Energienutzung sind also stets gegeneinander abzuwägen. Andererseits ist es in Island durchaus gelungen, selbst die Kulisse eines Geothermalkraftwerkes für Einheimische und Touristen attraktiv zu machen. Das von der Abwärme des Kraftwerkes Svartsengi beheizte Geothermalbad *Bláa Lónið* ist eine der größten Touristenattraktionen in Südwestisland. Das Wasser im Thermalbad ist reich an Mineralsalzen, Kieselerde und Algen und lindert anerkanntermaßen verschiedene Hautkrankheiten.

Alles in allem ist die Geothermie in Island sicher ein wichtiger Zukunftsträger. Wichtig wird dabei aber immer die Frage sein, wie die geothermal erzeugte Energie gespeichert oder exportiert oder sinnvoll im eigenen Land genutzt werden kann – eine Frage, die sich auch für die Nutzung der Wasserkraft stellt.

6.2 Ein Paradigmenwechsel spaltet die Gesellschaft: Wasserkraft für industrielle Großprojekte

Wo Energie nahezu unerschöpflich zu sein scheint, da entsteht auch schnell der Wunsch, diese gewinnbringend zu vermarkten, indem energieintensive industrielle Großprojekte ins Land geholt werden.

Bereits 1969 beginnt in Island die Aluminiumproduktion mit einer ersten Aluminiumschmelze in Straumsvík *(ISAL)* bei Hafnarfjörður, 1998 folgt ein zweites Aluminiumwerk *(Norðuráls)* bei Grundartangi im Hvalfjörður.

Die Aluminiumproduktion aus importierter Tonerde (Aluminiumoxid) ist einer der energieintensivsten Prozesse überhaupt und benötigt im Schmelzflusselektrolyseverfahren für die Herstellung einer Tonne Primäraluminium u. a. fast 13 bis 15 MWh Strom; das entspricht etwa dem jährlichen Stromverbrauch von drei bis vier Vier-Personen-Haushalten in Deutschland. Es ist also durchaus sinnvoll, die Produktion von Aluminium in Länder mit günstigen und vor allem sauberen Energiequellen zu verlegen, um die CO_2-Emissionen, die allein prozessbedingt bereits mit 1,6 t CO_2 je Tonne Aluminium zu Buche schlagen, nicht durch den Einsatz fossiler Brennstoffe in die Höhe zu treiben. Allerdings sollten die CO_2-Emissionen, die bei den langen Transportwegen des Bauxits bzw. der Tonerde aus den Abbaugebieten in Australien oder Brasilien nach Island entstehen, ebenfalls in den Bilanzen berücksichtigt werden. Zusätzlich setzt die Aluminiumproduktion neben CO_2 auch giftige Fluoride sowie kleinere Mengen an hochpotenten

---

[24] Vgl. Schopka (2024a).

Abb. 6.2 Umstrittener Stausee des Kárahnjúkur-Wasserkraftwerks am Rande des Vatnajökull im östlichen Hochland. (Foto: Karin Steinecke, August 2014)

Treibhausgasen (PFC, perfluorierte Kohlenwasserstoffe) frei, die etwa 5 % der gesamten Treibhausgasemission der Aluminiumhütte betragen.[25] Der Betrieb der Aluminiumschmelzen in Island ist somit nicht ohne Einfluss auf verschiedene Umweltmedien. Aber das ist nicht der Hauptgrund, warum es zu Beginn des neuen Jahrtausends in Island im Zusammenhang mit dem Bau einer weiteren Aluminiumschmelze zu einem Paradigmenwechsel in der Gesellschaft hinsichtlich Umweltfragen kommt.

2007 wird in Ostisland das Kárahnjúkar-Kraftwerk nach vierjähriger Bauzeit in Betrieb genommen. Seit Beginn des 21. Jahrhunderts wird dieses Großprojekt von Bedenken begleitet. Es handelt sich um das größte Wasserkraftwerk Islands und eines der größten in Europa. Die Flüsse Jökulsá á Brú und Jökulsá í Fljótsdal werden hier mit einer 700 m langen und 198 m hohen Staumauer zu einem Stausee von 57 km² Größe aufgestaut (s. Abb. 6.2). Das Wasser wird über zwei 40 und 13 km lange Tunnel zum eigentlichen Kraftwerk geleitet, das eine Leistung von 690 MW hat und ausschließlich die Aluminium-Schmelze *Fjarðaál* der US-amerikanischen Firma *Alcoa* in Reyðarfjörður beliefert.

Dies ist die Kritik: Durch die Anlage des Stausees und den Kraftwerkbau werden u. a. die Winterfuttergebiete der isländischen Rentierpopulation eingeschränkt ebenso wie wichtige Brutplätze der seltenen Kurzschnabelgans *(Anser bra chyrhynchus)* und mehr als 1000 km² unberührte Hochlandökosysteme gestört. Im Unterlauf des Flusses werden durch das Umleiten des Wassers mehr als 100 spektakuläre Wasserfälle, besondere geologische Formationen und Schluchten in ihrer Natürlichkeit zerstört.[26] Zusätzlich führt die geringere Sedimentfracht der aufgestauten Flüsse im Mündungsgebiet zum Verschwinden vorgelagerter Sandbänke, zu einer verstärkten Küstenerosion und zum Rückgang der lokalen Seehundpopulation. Zusätzlich wird befürchtet, dass die sich im Staubecken

---

[25] Vgl. *BGR* (2020).
[26] Vgl. Einarsson, S. (2001).

absetzenden Sedimente der Gletscherflüsse in 80 bis 100 Jahren den Betrieb des Wasserkraftwerkes beenden könnten und der Staudamm nicht genügend gegen Erdbeben geschützt ist.[27]

Andererseits führen Bau und Betrieb von Kraftwerk und Aluminiumschmelze zu einer deutlichen Aufwertung des strukturschwachen Ostens des Landes, indem bis zu 400 neue Arbeitsplätze geschaffen, Infrastrukturanlagen erneuert und erweitert werden und als Nebeneffekt eine Ansiedlung von Dienstleistungsunternehmen zu verzeichnen ist. Zwischen 2004 und 2008 steigt die Einwohnerzahl Reyðarfjörðurs durch den Zuzug von Beschäftigten von 692 auf über 2800 an. Mittlerweile (2023) wohnen aber mit 1368 Einwohnern dort wieder deutlich weniger Menschen als zur Bauzeit, da das vollendete Kraftwerk und die Aluminiumschmelze insgesamt nur eine begrenzte Zahl an Arbeitsplätzen bietet.[28] Die Inbetriebnahme der Aluminiumschmelze in Reyðarfjörður macht Island bis heute zum zehntgrößten Aluminiumproduzenten der Welt.[29] Außerdem erreicht der Aluminiumexport damit mehr als 38 % des isländischen Gesamtexportes und wird somit wichtigstes Exportgut neben Fisch und Fischereiprodukten.[30] Allerdings ist der Gewinn, den *Landvirkjun* als Energiebetreiber durch den Verkauf der Wasserkraft an *Alcoa* erzielt, in den Augen vieler Isländer im Vergleich zur Rentabilität der Anlage viel zu gering.[31]

Das Kárahnjúkar-Projekt spaltet somit die isländische Bevölkerung in ihrer Bewertung von Großprojekten, von einem „Kalten Krieg Islands" ist die Rede.[32] Die einen erhoffen sich durch die ausländischen Investitionen einen deutlichen wirtschaftlichen Aufschwung des Landes, eine Förderung strukturschwacher Regionen sowie generell eine größere Diversifizierung der sehr vom Fischfang abhängigen isländischen Wirtschaft – erst recht nach der Wirtschaftskrise und dem Bankenkollaps von 2008. Die anderen fürchten um Islands unberührte Natur und mahnen vor katastrophalen ökologischen Folgen, auch wenn der Schutz des scheinbar öden und unbewohnten Hochlands nicht immer leicht zu vermitteln ist. Island erlebt die größten Umweltproteste seiner Geschichte. In Reykjavík gehen 10.000 Menschen gegen den Kraftwerksbau auf die Straße. Die Umweltbewegung *Saving Iceland* agiert auch international und ruft zum Boykott des Staudammbaus sowie generell der Aluminiumindustrie auf.[33] Die anhaltende Ökokrise geht nicht spurlos an der isländischen Regierung vorbei. Die Energiepolitik ändert sich. Die Links-Grüne-Partei zieht in die Regierung ein. Pläne für zwei weitere Aluminiumfabriken werden gestoppt u. a. auch für das sich bereits im Bau befindliche

---

[27] Vgl. Sturmberg (2007).
[28] Vgl. *Statistics Iceland* (2024a).
[29] Vgl. *BGR* (2020).
[30] Vgl. *Statistics Iceland* (2024b).
[31] Vgl. Magnason (2011).
[32] Vgl. Del Giudice (2008).
[33] Weltweit bekannt werden Buch und Film *Draumaland* („Traumland") des Schriftstellers und Umweltaktivisten *Andri Snær Magnason* (2011), der deutlich am Beispiel von Island skizziert, wie Natur und Umwelt unter Wohlstandsbegehren leiden müssen (vgl. Magnason 2011).

Aluminiumwerk Bakki bei Húsavík. Über Island hinaus bekannt wird auch der letztlich erfolgreiche Kampf der Schäferin *Heiða Guðný Ásgeirsdóttir* gegen den Bau von Staudamm und Kraftwerk auf ihren Ländereien in Südisland.[34]

Zum Ausgleich der durch das Kárahnjúkar-Projekt entstandenen Umweltschäden wird 2008 der neue, mehr als 14.000 km^2 große Nationalpark *Vatnajökull* geschaffen, der den ehemaligen Skaftafell-Nationalpark im Süden sowie den ehemaligen Jökulsárgljúfur-Nationalpark im Norden einschließt. Die Fläche des Kárahnjúkar-Stausees ist aber aus dem Areal dieses neuen Nationalparks ausgeschlossen.

In den folgenden Jahren ebbt die neu entstandene Umweltbewegung Islands ab. Neue Themen wie die Coronakrise und die Einwanderungsproblematik beschäftigen die Bevölkerung mehr. Die Links-Grüne-Partei verliert zunehmend an Bedeutung. Bei der Parlamentswahl 2021 bleibt sie zwar noch drittstärkste Partei, büßt aber 4,3 % der Stimmen ein. Die Koalition der vergangenen sieben Jahre aus Unabhängigkeitspartei (Konservative), Fortschrittspartei (Liberale) und der Links-Grünen-Partei zerbricht schließlich im Herbst 2024 u. a. wegen Unstimmigkeiten in der Migrations- und Energiepolitik, sodass es Ende 2024 zu einer Neuwahl kommt, bei der die Umweltpartei ganz den Einzug ins Parlament verfehlt. Es bleibt also ungewiss, welchen Stellenwert Umweltfragen in der isländischen Politik in der Zukunft haben werden.[35]

Aluminiumschmelzen sind auf Island jedoch nicht die einzigen Industrien, die die günstigen Strompreise nutzen. Von 1954 bis 2001 existiert in Reykjavík in Gufunes eine Düngemittelfabrik, die Island zeitweise autark hinsichtlich der Produktion von Stickstoffdünger macht. Im Haber-Bosch-Verfahren wird unter hohem Energieverbrauch von jährlich 140 GWh, der durch Wasserkraft bereitgestellt wird, bei gleichzeitig großer CO_2-Emission Ammoniak aus Luftstickstoff hergestellt. Die Produktion in der in der unmittelbaren Nachbarschaft von Wohnbebauung liegenden Fabrik wird nach mehreren schweren Bränden und Explosionen, dem Bekanntwerden hoher Schadstoffwerte und unter dem Druck von günstig importiertem Kunstdünger schließlich eingestellt.

Am Mývatn arbeitet von 1966 bis 2004 eine Kieselgurfabrik in Kooperation der isländischen Regierung und einer US-amerikanischen Firma. Biogene Kieselgur, die sich aus der Ablagerung von Kieselalgen am Grund des Mývatn gebildet hat, wird vom Seegrund ausgebaggert, unter Nutzung der Erdwärme der Region getrocknet und schließlich über den Hafen von Húsavík exportiert. Die Produktion beträgt rund 27.000 t/J, wird aber schließlich aufgrund von negativen Auswirkungen auf das Seeökosystem und einem weltweiten Überangebot an Kieselgur eingestellt. Heute wird jedoch diskutiert, ob die Produktion nicht wieder aufgenommen werden sollte, denn Kieselgur ist nicht nur vielseitig einsetzbar u. a. in Form von Filtermedien, Füllstoffen, Schleifmitteln sowie als Trägermedium

---

[34] Vgl. Sigurðardóttir (2018).
[35] Vgl. Spiegel (2024).

für Düngemittel,[36] sondern kann mittlerweile auch als Ausgangsstoff für die Herstellung von hochreinem Silizium für die Halbleitertechnik dienen.

Ebenso wie der Kieselgurabbau am Mývatn hat auch der Kalkalgen- und Muschelschalenabbau in Islands Westfjorden bereits eine längere Tradition. In Súðavík am Álftafjörður soll nun eine neue Fabrik zur Gewinnung von Kalkalgen *(Coccolithales)* zur Zementherstellung entstehen. Dabei wird zunächst die oberste Schicht des Meeresbodens abgetragen, um dann die darunter liegenden Kalkalgenschichten abzubauen. Anschließend wird die entnommene Oberschicht wieder auf den Meeresgrund aufgetragen, um die Schäden an den marinen Ökosystemen möglichst gering zu halten. Die gewonnenen Algen werden an Land aufgeschichtet und getrocknet, bevor sie später weiterverarbeitet werden. Für die Trocknung der Kalkalgen wird jedoch nicht Energie aus Wasserkraft oder Geothermie benutzt, da das in die Westfjorde führende Stromnetz nicht auf eine solche Leistung ausgelegt ist. Daher wird für den Trocknungsprozess Flüssiggas verwendet und importiert, sodass in diesem Falle wohl eher nicht dem isländischen Ziel entgegengegangen wird, bis zum Jahr 2050 vollkommen klimaneutral zu sein.[37]

Ebenfalls der Zement- bzw. Betonproduktion soll aber ein weiteres, weitaus größer dimensioniertes Projekt dienen: der Abbau von Palagonittuff in der Nähe der südisländischen Kleinstadt Þorlákshöfn. Die deutsche, weltweit operierende Firma *Heidelberg Materials* zur Herstellung von Beton und weiteren Baumaterialien will in den nächsten 30 Jahren auf einer Fläche von 40 ha 18 Mio. m³ Palagonittuff abbauen und vor Ort in einer großen Gesteinsmühle mahlen und anschließend von Þorlákshöfn aus verschiffen. Dazu soll nach und nach der ganze Berg Litla Sandfell auf der Hochebene Þrengsli abgetragen werden. Weitere Entnahmestellen für Tuff, aber auch für Vulkansand, sollen der Meeresboden in Landeyjar sowie Flächen auf dem Mýrdalssandur sein. Grund dafür, dass sich in den letzten Jahren viele ausländische Firmen für Sand- und Tuffvorkommen in Island interessieren, ist die zunehmende Verknappung von Sand, der für die Betonherstellung geeignet ist. Darüber hinaus kann bei der Betonproduktion durch den Ersatz der herkömmlichen Zementklinker aus Kalk bzw. der benötigten Flugasche durch Palagonittuff die CO_2-Emission um ca. 30 % gesenkt werden.[38] Während bereits eine Umweltverträglichkeitsprüfung erfolgreich durchgeführt worden ist, wehrt sich nun aber die Bevölkerung von Þorlákshöfn vehement gegen den Bau und Betrieb der Gesteinsmühle, die mit Lärm, Lkw-Verkehr und Stäuben verbunden sein wird. Bei einer Abstimmung der Bevölkerung Ende November bis

---

[36] Alfred Nobel entdeckt 1867, dass das erschütterungsempfindliche Nitroglycerin bei Vermischung mit Kieselgur stoßunempfindlich wird. Diese Mischung nennt er Dynamit. In Island ist im Gebiet des Mývatn sowohl Schwefel als Grundlage von Schießpulver und Sprengstoff als auch Kieselgur als wichtiger Grundstoff für Dynamit dicht nebeneinander gefunden und abgebaut worden. Seit dem Mittelalter ist Schwefel der einzige mineralische Rohstoff, der auf Island gefördert und exportiert worden ist. Vgl. *ERIH* (2025).

[37] Vgl. Müllerwiebus (2024b).

[38] Vgl. Kloes (2024).

Anfang Dezember 2024 haben sich mehr als 70 % der Einwohner gegen den Bau ausgesprochen. Die Firma *Heidelberg Materials* hat bereits angekündigt, auf einen anderen Standort für die Gesteinsmühle in Island ausweichen zu wollen.[39]

6.3 Eine neue Perspektive: Windkraft

Das Potenzial regenerativer Energien auf Island ist groß. Das Land versorgt sich bereits seit einigen Jahren zu 100 % mit Strom aus Wasserkraft und Erdwärme. Seit 2013 wird eine weitere erneuerbare Energiequelle erschlossen: Windkraft. Ohne Frage ist Island als Insel mitten im Nordatlantik ein sehr windreiches Land, sodass die Nutzung von Windkraft sehr aussichtsreich erscheint. So beträgt die durchschnittliche Windgeschwindigkeit am Flugplatz in Reykjavík im Jahresmittel etwa 5,5 m/s, im Winterhalbjahr liegt sie deutlich höher; im isländischen Hochland können Windspitzen bis zu rekordverdächtigen 250 km/h erreicht werden.[40] Windstille Tage gibt es in Reykjavík nur etwa zu 1 % im Jahr. Aber gerade die sehr hohen Windgeschwindigkeiten in Island haben jahrelang die Anwendung von Windkraft unmöglich gemacht, da Windräder ursprünglich nicht für die Nutzung hoher Windgeschwindigkeiten ausgelegt gewesen sind. Mittlerweile werden jedoch moderne Windgeneratoren gebaut, die erst bei Windstärken von etwa 100 km/h abgestellt werden müssen. 2013 werden nördlich von Búrfell im Hochland zwei Probewindkraftanlagen mit einer Höhe von 77 m und einer Leistung von 1,8 MW errichtet, die in der Folgezeit zuverlässig und erfolgreich arbeiten. Daher sollen nun an der gleichen Stelle im Windpark Búrfellslundur 30 Windräder von 150 m Höhe und einer Gesamtleistung von 120 MW aufgestellt werden. Dafür wurde dem Betreiber *Landsvirkjun* von der staatlichen Energiebehörde *Orkustofnun* bereits die Betriebsgenehmigung erteilt. Die Windräder sollen 2026 gebaut werden und Ende desselben Jahres ans Netz gehen. Aber auch in diesem Falle regt sich nun Widerstand aus den Reihen der Bevölkerung, den angrenzenden Landkreisen sowie dem Umweltressort selber. Die Gegenargumente gleichen denjenigen, die auch z. B. in Deutschland gegen das Aufstellen von Windrädern immer wieder vorgebracht werden: Belästigung durch Lärm und Schattenwurf, Gefahr von Vogelschlag sowie eine Verschandelung des Landschaftsbildes mit negativer Auswirkung auf den Tourismus. Weitere wichtige Argumente gegen die Errichtung des Windparks weisen auf das sich in den letzten Jahrzehnten entfaltete Umweltbewusstsein und nationale Naturverständnis der isländischen Bevölkerung hin. Immer mehr Isländer kritisieren, dass durch solche Großprojekte die einzigartige isländische Natur mutwillig an ausländische Investoren „verkauft" wird. Da Island selbst ausreichend mit Strom versorgt ist, wären Nutznießer eines solchen Windparks wahrscheinlich nur erneut stromintensive Anlagen in nicht isländischer Hand, von denen die isländische Wirtschaft und Bevölkerung kaum profitiert.

---

[39] Vgl. Trodler (2024a).
[40] Vgl. *Icelandic Met Office* (2024).

Ferner wird kritisiert, dass eine zusätzliche Stromproduktion dem nachhaltigen Grundsatz von Energieeffizienz und Energieeinsparung widerspricht, da diese fast ausschließlich in höhere Serverkapazitäten u. a. für Kryptowährungen oder KI-Systeme fließen würde.[41]

Das erwachte Umweltbewusstsein der Isländer scheint also noch nicht erloschen zu sein, und es bleibt spannend, wie in Zukunft mit Projekten zur Ansiedlung von Großindustrien umgegangen wird.

6.4 Fisch – gefangen oder gezüchtet

Die isländische Seefischerei stellt nach wie vor eine Schlüsselindustrie in der Landesökonomie dar. Sie erwirtschaftet etwas über 8 % des Bruttoinlandsprodukts. 2020 werden über 660.000 t Meeresfrüchte im Wert von knapp 2 Mrd. €, v. a. auf den europäischen Markt, exportiert. Dabei sind 2021/2022 Kabeljau, Seelachs bzw. Köhler *(Pollachius virens),* Hering und Schellfisch *(Melanogrammus aeglefinus)* mit zulässigen Gesamtfangmengen von etwa 220.000, 77.000, 72.000 resp. 41.000 TAC[42] die wichtigsten Arten. Etwa 1550 Fischereifahrzeuge, darunter 700 mit schwerem Gerät, sind unterwegs; etwa 7500 Menschen sind unmittelbar in der Fischerei beschäftigt.

Es werden seit 2007 vom Ministerium für Ernährung, Fischerei und Landwirtschaft auf der Grundlage einer wissenschaftlichen Bewertung der Bestände und des Zustandes des marinen Ökosystems jährliche Fangquoten festgelegt und kontrolliert.[43]

Ökonomisch bedeutsam ist neben der direkten Fischerei aber auch die Entwicklung von Fertigungs- und Service-Industrien mit modernsten Technologien für Verarbeitung und Ausrüstung – von Sortier- und Verpackungsmaschinen über „intelligente" Netze bis zu Sicherheitssystemen –, deren Hard- und Software auch international einen Markt finden.

Hier soll aber der Fokus gelegt werden auf eine relativ junge Branche der Fischereiwirtschaft: das „Fish Farming".

Erste Aquakulturen sind in den 1950er-Jahren – zunächst noch mit Zuchttanks an Land zur Zucht von Fischbrut zum Einsatz in Fließgewässern – entstanden. Mit dem weltweiten Anstieg der Nachfrage nach gezüchtetem Atlantischen Lachs *(Salmo salar)* als Speisefisch erreicht die Produktion um 2005 mit über 5000 t/J einen ersten Höchstwert.[44] Ab 2015 steigert sie sich rasant auf etwa 46.500 t im Jahr 2021. Die zweitwichtigste Fischart, die auch gezüchtet wird, der Seesaibling *(Salvelinus umbla),* bleibt bei etwa 5000 t/J. Der Exportwert aller Zuchtfischarten beläuft sich in dem Jahr auf etwa 260 Mio. €.[45]

---

[41] Vgl. Müllerwiebus (2024a).
[42] TAC = *Total allowable catch.*
[43] Vgl. *Iceland Responsible Fisheries Foundation* (2025).
[44] *Ministry of Food, Agriculture and Fisheries* (2024a).
[45] *Statistics Iceland* (2025a).

Heute gibt es in verschiedenen isländischen Fjorden, besonders im Nordwesten, riesige submarine Käfige, in denen bis zu 200.000 Fische gehalten, gefüttert und zur Stabilisierung des Ertrages mit Medikamenten versorgt werden. Allein im Arnarfjörður werden pro Jahr 1,2 Mio. Zuchtlachse „produziert", was etwa dem 20-Fachen des Wildlachsbestandes entspricht.[46] Mittlerweile soll die Zahl der Zuchtlachse auf bis zu 22 Mio. angestiegen sein; das ist ein Anstieg um das 10-Fache während der vergangenen 10 Jahre.[47] Dabei bleibt es nicht aus, dass die Fjordgewässer von Futterrückständen und Fischfäkalien eutrophiert und verunreinigt werden. Parasitenbefall der Fische z. B. mit Seeläusen ist üblich. Im Oktober 2023 sind deshalb eine Million Tiere getötet worden.

Eine aktuelle Gesetzesinitiative sieht eine weitere Expansion von Aquakulturen, jedoch angepasst an die Wildlachsbestände, vor. Und eine Verdopplung bis zum Jahr 2030 ist geplant. Neben der Stärkung der isländischen Lachsproduktion für den Weltmarkt spielt dabei aber auch die ökonomische Vitalisierung besonders der Westfjorde eine Rolle.[48] Etwa 600 Personen sind 2021 in Aquakulturbetrieben beschäftigt. Im europäischen Vergleich nimmt Island bei der Menge nach Norwegen (1,4 Mio. t), Großbritannien (190.000 t) und den Färöer (73.000 t) Rang 4 ein.[49]

Seit etlichen Jahren wird neben dem in der Zucht „etablierten" Atlantischen Lachs, der Regenbogenforelle *(Oncorhynchus mykiss)* und dem Seesaibling auch mit anderen Fischarten – jedoch weniger bedeutend – wie Heilbutt *(Hippoglossus hippoglossus)*, Steinbutt *(Scophthalmus maximus)* und Kabeljau, aber auch exotischen Arten wie der Senegal-Seezunge *(Solea senegalensis)* oder afrikanischen Buntbarscharten *(Tilapia* spec.*)*, experimentiert.[50] Bei der Zucht der wärmeliebenden Seezunge wird die kontrollierte Einleitung von Kühlwasser eines Geothermalkraftwerks genutzt.

Das Problem des „Fish Farming" ist neben der tierökologisch und ethisch problematischen Massentierhaltung die Gefahr, dass sich durch ausgebrochene Zuchtlachse durch Paarung mit ihren wilden Artgenossen Hybride entwickeln, die neben physiologischen und anatomischen Deformationen auch große Schwierigkeiten in ihrer Orientierung zu ihren bestimmten Laichgewässern aufweisen. Im Ísafjörður sollen 2023 bereits mehr als die Hälfte aller Lachse entwichene Zuchtlachse gewesen sein![51]

6.5 Tourismus: Chance oder Belastung?

Reisen aus wissenschaftlichem Interesse oder aus Pläsier sind seit dem 18. Jahrhundert auf einzelne Reiseabenteurer begrenzt gewesen (s. Box 2).

---

[46] Vgl. Marek & Breiholz (2025).
[47] Vgl. Willeke (2024).
[48] Vgl. Petter (2024).
[49] Vgl. *Statistics Iceland* (2025a).
[50] Vgl. *Ministry of Food, Agriculture and Fisheries* (2024a).
[51] Vgl. Petter (2024).

Mit der Einführung neuer Schiffsverbindungen und der Aufnahme regelmäßiger Flugverbindungen nach dem Zweiten Weltkrieg wird Island für ein breiteres Publikum für touristische Reisen erreichbar. Dennoch bleibt Island über Jahrzehnte ein Reiseland überwiegend für Individualisten und Naturbegeisterte mit geringen Komfortansprüchen. So beträgt die Zahl der Touristen 1950 kaum 4000.[52] Was die Reisenden nach Island lockt, sind meist die Narrative der Islandfaszination, die sich in stereotypen Schlagworten wie „Land des Feuers, Eises und der Sagas" widerspiegeln und auch heute im modernen Massentourismus noch eine große Bedeutung haben.[53]

Mit Ende der 1970er-Jahre nimmt die Zahl ausländischer Besucher auf der Insel stark zu. Verbesserte und günstigere Flugverbindungen, die Vollendung der Ringstraße 1974, die ein Umrunden der gesamten Insel auch im eigenen Pkw möglich macht, sowie ein erhöhter Bekanntheitsgrad der Insel in Presse und Medien sind hierfür mitverantwortlich. 1995 sind es schon fast 190.000 Gäste pro Jahr, im Jahr 2000 werden schließlich mit gut 300.000 Besuchern erstmalig mehr Touristen in Island gezählt, als es Einwohner gibt. Ein „Overtourismus"[54] mit möglichen negativen Auswirkungen des Fremdenverkehrs deutet sich an. Die Touristenzahlen wachsen in der Folge weiterhin rasant an. 2010 sind es bereits 500.000 Touristen. Lediglich 2001 (aufgrund der Terroranschläge vom 11. September 2001), 2009 (wegen der Finanzkrise) und 2010 (wegen der Eruption des Eyjafjallajökull) gibt es leichte Einbrüche bei den Besucherzahlen. Gerade der Vulkanausbruch des Eyjafjallajökull lässt zunächst in Island die Angst aufkommen, der Tourismus könne dauerhaft unter dieser Naturkatastrophe leiden. Eine groß angelegte Kampagne *„Inspired by Iceland"* wird von Regierung, Wirtschaft und Touristenverbänden initiiert und promotet: mit großem Erfolg! Island wird mit vielen Preisen ausgezeichnet, u. a. 2012 mit dem *„National Geographic's Best of the World";* ferner wird Island zum Drehort vieler bekannter Spielfilme. 2018 besuchen schließlich 2,3 Mio. ausländische Touristen die Insel.[55]

Mit diesem gewaltigen Touristenstrom katapultiert sich Island auf Platz 13 der Liste der Länder mit den höchsten Zahlen von Touristen pro Einwohner. 6,5 Touristen kommen dabei statistisch auf einen Isländer und gar 21 Touristen auf einen km^2 der Vulkaninsel.[56]

In den Jahren der Corona-Pandemie sinken die Zahlen durch die Reisebeschränkungen zwar deutlich (2020: knapp 500.000 ausländische Touristen), aber bereits 2023 wird mit 2,2 Mio. Besuchern fast wieder das Vor-Corona-Niveau erreicht. Die starke vulkanische Aktivität auf der Reykjanes-Halbinsel im Jahr 2024

---

[52] Vgl. Feldmann (2025).

[53] Vgl. Willhardt (2000).

[54] Unter „Overtourismus" versteht man einen durch Massentourismus verursachten Besucherdruck vor allem in Städten mit nachfolgenden negativen Effekten sowohl für die Einheimischen als auch für die Besucher (Vgl. Sæþórsdóttir et al. [2020]).

[55] Vgl. Sæþórsdóttir et al. (2020).

[56] Vgl. Sæþórsdóttir et al. (2020).

führt zwar offenbar zu einer spürbaren Zurückhaltung bei der Buchung bzw. zu Stornierungen von Islandreisen, sodass die Touristenzahlen für 2024 wieder etwas rückläufig sind. Für das Jahr 2025 wird jedoch ein erneuter Anstieg auf eine Besucherzahl von etwa 2,3 Mio. prognostiziert. Der internationale Airport von Keflavík bekommt zur Bewältigung des hohen Fluggastaufkommens vier neue Terminals.[57]

Die Zahl der Touristen konzentriert sich aufgrund des Klimas und der Beleuchtungsverhältnisse auf die drei Sommermonate Juni bis August mit mehr als 30 % aller Reisenden des gesamten Jahres. Unter den Top-10 der Islandreisenden sind aktuell (2024) Touristen aus den USA (34,4 %), gefolgt von Besuchern aus Deutschland (7,2 %), Italien (4,7 %), Polen (4,5 %) und Frankreich (4,4 %). Die Touristen erreichen die Insel in erster Linie über den internationalen Flughafen in Keflavík und in geringerer Zahl über den Fährhafen in Seyðisfjörður (Fährverbidung zu den Färöer und nach Dänemark). Zu einer Ballung von Touristen kommt es nicht nur zeitlich während der Sommermonate, sondern auch räumlich. Touristen halten sich zusätzlich gehäuft in der Nähe der großen Touristenattraktionen in Reykjavík, im Südwesten (u. a. Gullfoss, Haukadalur, Þingvellir), im Süden (u. a. Skógafoss, Gletscherlagune, Skaftafell) und im Norden (u. a. Mývatn-Gebiet, Dettifoss) auf. Hier sind die Quartiere zu über 80 % ausgebucht, während Destinationen im Westen, Nordwesten sowie im Osten eher weniger nachgefragt sind.[58] Zu der hohen Zahl der Islandreisenden, die einige Zeit auf der Insel verweilen, kommen aber in zunehmendem Maße noch Tagestouristen aus dem Kreuzfahrttourismus hinzu, die auf Tagesausflügen ebenfalls die bekanntesten Naturattraktion im Südwesten, Süden und Norden aufsuchen. In den 1990er-Jahren besuchen nur vereinzelt Kreuzfahrtschiffe die Häfen von Reykjavík oder Akureyri, 2003 werden in Reykjavík bereits 50 Schiffe mit 31.000 Touristen gezählt. 2023 ankern dort im Hafen 262 Kreuzfahrtschiffe mit mehr als 300.000 Tagesgästen![59]

Ohne Frage bedeuten diese sehr großen Touristenzahlen einen enormen Belastungsdruck für die entsprechenden Gebiete. Gleichzeitig werden aber auch Investitionsschübe und Arbeitsmöglichkeiten für die ländlichen Regionen außerhalb der urbanen Räume von Reykjavík und Akureyri geschaffen. In den letzten Jahrzehnten wird unter dem Druck der wachsenden Touristenströme die touristische und gastronomische Infrastruktur massiv ausgebaut. Straßen werden neu gebaut und asphaltiert, Parkplätze, Wanderwege und Aussichtspunkte angelegt, Service- und Versorgungspunkte (Autoverleih, Stellplätze für Camper, Wellnessbereiche etc.) errichtet und das Angebot der Unterkünfte besonders im Hotelsektor beständig erweitert.

Die Reisenden des frühen Islandtourismus des vergangenen Jahrhunderts sind überwiegend noch Rucksacktouristen, die auf Zeltplätzen und in einfachen Bauernhofunterkünften und Hostels übernachten und zu Fuß und mit öffentlichen

---

[57] Vgl. Schopka (2024b) und Tómas (2025).
[58] Vgl. *Icelandic Tourist Board* (2024a).
[59] Vgl. *Icelandic Tourist Board* (2024b).

Bussen unterwegs sind oder auch Abenteurer, die es wagen, mit ihrem eigenen, zum Camper ausgebauten Auto über die Fährverbindung nach Island zu kommen. Auch Gruppenreisen mit auf Island angemieteten Bussen sind sehr beliebt. Meistens steht bei all diesen Reisen das intensive Naturerlebnis besonders in den Bereichen Wandern, Reiten, Geologie/Vulkanismus sowie Ornithologie im Vordergrund. Heute dominieren hingegen die Islandreisenden, die sich im Hotel einquartieren und in Island einen Mietwagen buchen, um die Insel zu erkunden. Über 41 % aller Übernachtungen auf Island finden mittlerweile in einem der 164 Hotels auf Island statt. Mehr als 31.000 Leihwagen werden für die Gäste bereit gehalten.[60] Kennzeichen des isländischen Massentourismus ist dabei zunehmend, dass die junge „Instagram-Generation" auf Jagd nach den beliebtesten Pflicht-Selfiespots häufig rund um die Insel hetzt, ohne wirklich die grandiose Natur aufzunehmen, zu erfahren und zu achten. Bestes Beispiel hierfür ist Fjaðrárgljúfur, eine abgelegene Schlucht in Südisland, die bis 2015 kaum einem Islandbesucher bekannt ist. Dies ändert sich schlagartig mit der Veröffentlichung eines Musikvideos des US-amerikanischen Sängers *Justin Bieber*. Die Schlucht wird zu einem Touristenmagnet und Fotospot für die sozialen Netzwerke und muss mehrfach aufgrund eines zu großen Besucherandrangs gesperrt werden.[61]

Viele Touristen im Land bedeuten hohe Einnahmen. Der Tourismussektor in Island stellt sich 2023 mit 42 % als stärkster Wirtschaftszweig dar – vor der Industrie (26 %) und dem Fischfang (19 %)! 9 % des gesamten BIP werden durch den Tourismus erwirtschaftet und 14 % der Erwerbstätigen – das sind mehr als 31.000 Menschen – leben vom Tourismus. Hinzu kommen besonders in den Sommermonaten zahlreiche ausländische Saisonarbeitskräfte u. a. aus Polen und anderen osteuropäischen Ländern, die nötig sind, um die anfallenden Dienstleistungen anbieten zu können. Insgesamt arbeiten mehr als 43 % aller ausländischen Arbeitskräfte im Fremdenverkehr.[62]

Kehrseite des wachsenden Tourismus sind vielfältige Belastungen besonders der Umwelt und der einheimischen Bevölkerung. Da sind neben zusätzlichen Kfz-Emissionen vor allem der Anfall hoher Müllmengen sowohl beim regulär gesammelten Müll als auch bei wild abgelagerten Abfällen. Vor dem Hintergrund, dass Kompostierung wegen der niedrigen Sommertemperaturen nicht sehr effektiv ist und ein Anteil des kommunalen Mülls zur Energieverwertung immer noch exportiert werden muss, bedeutet mehr Müll auch höhere Kosten. Bereits jetzt ist die Kapazität der meisten Kleinkläranlagen auf dem Lande durch die zusätzlichen Abwassermengen aus dem Fremdenverkehr ausgeschöpft.[63]

Darüber hinaus entsteht durch die große Zahl der Touristen ein hoher Druck auf die empfindliche subarktische Vegetation. Trampelpfade an viel frequentierten Fotospots und in beliebten Wanderregionen zerstören die Vegetationsdecke auf

---

[60] Vgl. *Statistics Iceland* (2025b) und *SAF* (2024).
[61] Vgl. Trodler (2024b).
[62] Vgl. *SAF* (2024).
[63] Vgl. Óskarsson et al. (2022).

6.5 Tourismus: Chance oder Belastung?

Jahre hinweg und bieten Ansatzpunkte für die Bodenerosion.[64] Gleiches gilt für das unerlaubte *Off-Road*-Fahren im Hochland.[65] Und schließlich ist einfach das Naturerlebnis eingeschränkt, wenn man an einem Wasserfall oder an einer anderen Naturattraktion Schlange stehen muss, um überhaupt einen Blick darauf erhaschen zu können – sowohl für die ausländischen Besucher als auch für die Isländer selber, die ihr eigenes Land kaum mehr ungestört genießen können.[66]

Demzufolge ist die Akzeptanz des Tourismus in Island in den letzten Jahren deutlich zurückgegangen – natürlich in Abhängigkeit von der individuellen Erwerbstätigkeit, den persönlichen Erfahrungen der Befragten und ihrem Wohnort. 2017 zeigt eine Umfrage, dass über 64 % der Isländer dem ausländischen Touristen positiv gegenüberstehen. Gut 10 % äußern sich jedoch negativ, und gut 25 % sind unentschieden.[67]

Um die Schäden, die durch den Massentourismus auf Island entstehen, zu minimieren, werden wichtige Maßnahmen getroffen. So ist es seit 2015 auf Island verboten, wild mit dem Auto oder dem Wohnmobil zu campen, es sei denn, es liegt eine schriftliche Genehmigung des Grundstückseigentümers vor. Auch ein wildes Zelten ist mit Ausnahme des unbewohnten Hochlandes und in Notfällen nicht mehr gestattet. Damit macht Island eine deutliche Ausnahme von dem in den nordischen Ländern sonst geltenden Jedermannsrecht. Der Betrieb von Drohnen für private Foto- und Videoaufnahmen ist ebenfalls eingeschränkt und in Nationalparks, allen Natur- und Vogelschutzgebieten sowie an zahlreichen weiteren Orten des Landes verboten bzw. zeitlich nur auf die Nachtstunden begrenzt.[68] Da viele der großen Naturschönheiten Islands auf Privatgrund liegen, wehren sich insbesondere die entsprechenden Landbesitzer gegen allzu starke Touristenströme auf ihrem Land. Mit Blockaden von Zuwegungen machen sie seit 2010 immer wieder auf diese Problematik aufmerksam. Mittlerweile ist es üblich, dass an den Parkplätzen zu den bedeutendsten Attraktionen hohe Parkgebühren erhoben werden, die teilweise den Landbesitzern zugutekommen.

Wie in vielen anderen Regionen mit Massentourismus wird auch in Island immer wieder darüber nachgedacht, eine Touristensteuer zu erheben. 2014, 2017 sowie 2020 versucht das isländische Finanzministerium vergeblich, eine solche Übernachtungssteuer gegenüber der Regierung durchzusetzen, die umgerechnet etwa 20 Mio. € Mehreinnahmen in die Staatskasse bringen und für Naturschutzmaßnahmen zum Ausgleich der durch den Tourismus verursachten Schäden verwendet werden könnte.[69] Schließlich wird die Mehrwertsteuer auf Dienstleistungen der Touristenbranche von 11 auf 24 % erhöht[70] und 2024 erstmalig eine

---

[64] Vgl. Ólafsdóttir & Runnström (2015).
[65] Vgl. *UST* (2025a).
[66] Vgl. Kölbl (2017a).
[67] Vgl. Kölbl (2017b).
[68] Vgl. *Vatnajökulsþjóðgarður* (2025a).
[69] Vgl. Wildhagen (2018).
[70] Vgl. *SAF* (2024).

Bettensteuer von etwa 2,70 € (400 ISK) pro Nacht und Person erhoben – egal ob es sich um eine Hotel- oder Zeltübernachtung handelt. Kreuzfahrttouristen zahlen seit Anfang 2025 gar 17 € (2500 ISK) pro Tag, was in der Kreuzfahrtbranche für große Entrüstung sorgt.

Tourismusbehörde und Regierung sind bestrebt, den Tourismus auf Island zukünftig schonender, effektiver und positiver zu entwickeln.[71] Bis spätestens zum Jahr 2030 soll der Fremdenverkehr auf Island als Ökotourismus komplett nachhaltig sein und wirtschaftlichen Profit mit positiven Effekten für die lokale Bevölkerung, einzigartigen Islanderfahrungen für die Besucher und dem Schutz der Natur verbinden. Angestrebt wird ein Gewinn von umgerechnet etwa 5 Mrd. € pro Jahr durch den Tourismussektor, eine mehr als 90-prozentige Zufriedenheit und Akzeptanz der heimischen Bevölkerung gegenüber dem Tourismus, eine Zufriedenheit der Besucher von 75 auf dem sog. *Net Promoter Score*[72] sowie ein effektiver Naturschutz. Wie diese Ziele erreicht werden können, wird nicht genau dargelegt, aber ein wichtiger Zielpunkt ist die zeitliche und räumliche Entzerrung der Touristenströme. Dazu müssen die weniger von Touristen frequentierten Regionen im Westen und im Osten des Landes deutlich attraktiver werden. Allerdings gibt es hier weniger Sehenswürdigkeiten, die mit einem aktiven Vulkanismus verbunden sind und für die Islandreisenden von besonderem Interesse sind. Ferner sollte die Touristensaison weiter in die Nebensaison ausgedehnt werden. Bereits jetzt gibt es attraktive Angebote für einen Islandaufenthalt im Winter u. a. mit Nordlichtbeobachtung, Schlittenhundefahrten und Touren auf die Gletscher. Aber auch hier stellt sich die Frage, ob sich Island im Bereich Wintertourismus gegenüber anderen nordischen Ländern durchsetzen kann, zumal die Wahrscheinlichkeit für Nordlichtbeobachtungen durch die atlantische Insellage mit häufiger Wolkenbedeckung deutlich schlechter ist als z. B. in kontinentalen Bereichen Schwedens oder Finnlands.

6.6 Einrichtung von Nationalparks

Seit in den USA mit dem Yellowstone-Nationalpark 1872 der weltweit erste Nationalpark entstand, ist die Idee, besonders beeindruckende Wildnisgebiete unter Schutz zu stellen, von fast allen Nationen der Welt aufgegriffen worden.

In Island wird der erste Nationalpark Þingvellir bereits 1928 gegründet – also noch vor der Unabhängigkeit Islands und der Ausweisung einer besonderen Naturschutzpolitik.[73] Hierbei spielt sicher auch die große kulturelle und geschichtliche

---

[71] Vgl. *Government of Iceland* (2020).
[72] Unter dem *Net Promoter Score* (NPS) versteht man eine aus verschiedenen Kriterien berechnete Kennzahl zu Charakterisierung der Kundenzufriedenheit. Der NPS reicht von –100 bis +100, wobei bei 100 die bestmögliche Zufriedenheit von Kunden erreicht wird (vgl. *Qualtrics. xm* 2025).
[73] Zum Vergleich: Der erste Nationalpark in Deutschland, der Nationalpark Bayerischer Wald, wird erst 1970 gegründet (vgl. Bundesamt für Naturschutz [2025]).

Bedeutung von Þingvellir als jahrhundertealter Versammlungsstätte eine Rolle. Noch heute ist Þingvellir nicht nur der mit Abstand älteste Nationalpark der Insel, sondern gleichzeitig seit 2001 auch UNESCO-Weltkulturerbe. 1976 folgt der Skaftafell-Nationalpark und 1973 der Jökulsárgljúfur-Nationalpark.[74] 2001 kommt der Snæfellsjökull-Nationalpark hinzu. Unter dem Einfluss der großen Umweltproteste im Zusammenhang mit dem Bau des Kárahnjúkar-Kraftwerkes wird im Jahr 2008 der neue Nationalpark *Vatnajökull* gegründet, der die Areale der früheren Nationalparks *Skaftafell* und *Jökulsárgljúfur* sowie das Gebiet des gesamten Gletschers Vatnajökull (mit Ausnahme der Stauseeareale) umfasst. Dieser neue Nationalpark nimmt heute nach zwei Erweiterungen eine Fläche von mehr als 14.200 km² ein und steht seit 2019 auf der Liste des UNESCO-Weltnaturerbes.[75] Mit seiner Größe ist er der zweitgrößte Nationalpark Europas nach dem Nationalpark *Jugyd Wa* im europäischen Teil Russlands. Insgesamt sind in Island mit den drei bestehenden Nationalparks mehr als 1,2 Mio. ha (12 % der Landesfläche) als Nationalpark geschützt. Das ist anteilmäßig der zweithöchste Wert in Europa nach Norwegen.

Weite Teile des Vatnajökull-Nationalparks sind unberührte Natur und/oder von Gletschereis bedeckt. Es gibt im Gebiet des Nationalparks keine größeren Siedlungen, sondern lediglich einige wenige Einzelgehöfte am Südrand des Gletschers. Touristisch erschlossen sind nur die Areale der früheren Nationalparks sowie die Regionen um Askja, Herðubreið, Snæfell, den Gletscher Tungnafellsjökull und den See Langisjór. Hier gibt es markierte Wanderwege, Aussichtspunkte, Schutz- und Übernachtungshütten, Zeltplätze, Infotafeln und Nationalparkhäuser. Die Schutzbestimmungen sind recht streng, sodass zu hoffen bleibt, dass durch die Einrichtung dieses Nationalparks weite Teil der ursprünglichen Natur Islands erhalten und vor Massentourismus und weiteren schädigenden Umwelteinflüssen bewahrt werden können. 2020 bringt der amtierende Umweltminister *Guðmundur Ingi Guðbrandsson* einen Gesetzesentwurf zu Unterschutzstellung des gesamten zentralen Hochlandes als Nationalpark im Parlament ein. Danach wären mehr als 30 % der gesamten Landesfläche unter Schutz gestellt worden.[76] Der Vorschlag wird in der Politik und Bevölkerung sehr kontrovers diskutiert und findet schließlich im Parlament keine Zustimmung, zu groß sind die Einwände der Tourismusverbände, der Grundeigentümer und vor allem der Industrie, die auf weitere Ausbaumöglichkeiten von Kraftwerken und Schwerindustrie hofft.[77]

Neben den großen Nationalparks gibt es in Island aber auch noch über 130 weitere Schutzgebiete verschiedener Kategorie. Dies sind Naturschutzgebiete (*Friðland*), Landschaftsschutzgebiete (*Landsslagsverndarsvæði*), Naturdenkmale (*Náttúruvætti*), Naturparke (*Fólkvangur*), besonders geschützte Biotope (*Búsvæði*), Wildnisgebiete (*Óbyggð viðerni*) sowie Meeresschutzgebiete.[78] Die Liste

---

[74] Vgl. Carwardine (1986).
[75] Vgl. *Vatnajökulsþjóðgarður* (2025b).
[76] Vgl. Sigurjónsson (2020).
[77] Vgl. Sæþórsdóttir & Ólafsdóttir (2022).
[78] Vgl. *UST* (2025b).

der Naturschutzgebiete wird kontinuierlich erweitert, wenn Schutz- und Handlungsbedarf für bestimmte Areale besteht. So wird schließlich auch die Schlucht Fjaðrárgljúfur im Süden des Landes 2024 zum Naturschutzgebiet erklärt, nachdem der wachsende Besucherandrang zu deutlichen Schäden an der Natur geführt hat.

6.7 Natur- und Umweltschutzgesetzgebung

Lange war man in Island weit davon entfernt, spezielle Landschaften, Naturgüter oder Arten von der Nutzung auszuschließen. Die Wurzeln des Natur- und Umweltschutzes in Island liegen vielmehr in einem nationalen Schutzbedürfnis des isländischen Naturerbes. Dies zeigt sich z. B. in einer recht frühen Unterschutzstellung der Region um Þingvellir im Jahr 1928. Die großen ökologischen Probleme, die durch die Rodungen und Bodenerosion im Laufe der Besiedlung im Land entstanden sind, werden zwar spät erkannt, finden aber im 19. und 20. Jahrhundert Einzug in die nationale Gesetzgebung. Bereits 1907 wird das Gesetz zur Wiederaufforstung und zum Schutz vor Bodenerosion verabschiedet[79] (s. Kap. 6). 1913 folgen Gesetze zum Schutz einiger Vogelarten.

Die Bewohner Islands sind auch heute noch sehr naturverbunden mit guter Kenntnis von Arten und Naturphänomenen. So wundert es auch nicht, dass in Island bereits 1889 die Isländische Naturwissenschaftliche Vereinigung *(Hið Íslenska Náttúrufræðifélag)* gegründet wird, die nachfolgend umfangreiche Sammlungen zu Tieren, Pflanzen, Flechten und Mineralien auf Island anlegt und 1965 zum Naturhistorischen Institut Islands *(Náttúrufræðistofnun Íslands)* wird, einer wichtigen Naturschutzbehörde, die dem Umweltministerium untersteht. 1927 wird der erste Wanderverein Island gegründet *(Ferðafélag Íslands)*, der sich ebenfalls neben seinen Freizeitangeboten heute stark dem Naturschutz widmet. 1956 wird ein erstes Naturschutzgesetz auf Initiative von Naturwissenschaftlern formuliert – allen voran durch den Geologen *Sigurður Þórarinsson*.

Im Gegensatz zum Naturschutz im engeren Sinne kommen Fragen des Umweltschutzes und zur Verschmutzung verschiedener Umweltmedien im Land erst gegen Ende des 20. Jahrhunderts auf. Lange Zeit hält man eine Belastung von Luft, Boden und Meer durch indigene Quellen für vernachlässigbar.[80] So kommt es, dass viele in Festlandeuropa längst verbreitete Umweltauflagen häufig erst deutlich später in Island übernommen werden. Beispiele sind die Einführung des bleifreien Benzins 1991 (Deutschland 1988) sowie das Verbot der Einleitung von ungeklärtem Abwasser ins Meer 1986 (Deutschland 1981). Erst 1990 wird im Vorfeld des UNCED-Umweltgipfels in Rio de Janeiro im Juni 1992, an dem Island aktiv teilnimmt, das Umweltministerium *(Umhverfistofnun)* ins Leben gerufen.[81] Seit der Gründung ist das Umweltministerium mit den Aufgaben Naturschutz,

---

[79] Vgl. Crofts (2011).
[80] Vgl. Steinecke (1995a, b).
[81] Vgl. Steinecke (1995a, b).

6.7 Natur- und Umweltschutzgesetzgebung

Wildtiermanagement, Kontrolle der Umweltverschmutzung sowie Landschaft- und Raumplanung betraut. Neben dem Naturhistorischen Institut *(Náttúrufræðistofnun Íslands)* sind u. a. der Isländische Wetterdienst *(Veðurstofa Íslands)*, der Isländische Naturschutzrat *(Náttúruverndarráð)* sowie das Isländische Vermessungsamt *(Landmælingar Íslands)* dem Umweltministerium unmittelbar unterstellt.[82] Im Jahr 2001 wird der Naturschutzrat als beratender Ausschuss der isländischen Regierung im Zusammenhang mit den Kontroversen um das Kárahnjúkur-Kraftwerk aufgelöst. Anfang 2025 formieren sich schließlich nach Kontroversen in Energiefragen innerhalb der Regierung und nachfolgenden Neuwahlen im Herbst 2024 einige Ministerien neu. Umweltministerium und Energiebehörde verschmelzen zu einem Ministerium für Umwelt und Energie *(Umhverfis- og orkustofnunar)*, während neu ein Ministerium für Naturschutz *(Náttúruverndarstofnunar)* geschaffen wird.[83]

Mit der Gründung der Umweltbehörde im Jahr 1990 wird massiv an der Umweltgesetzgebung in Island nachgebessert. Wie in anderen europäischen Ländern werden Regelungen und Grenzwerte für Boden, Wasser und Luft und die Deponierung von Abfall und das Entlassen von Abwässern geschaffen, die teilweise sehr streng sind. Zahlreiche Forschungsinstitute beschäftigen sich mit der Belastung der verschiedenen Umweltkompartimente wie z. B. das Umweltforschungsinstitut (ERI) der Reykjavíker Universität. Auch auf kommunaler Ebene werden die meisten Umweltrichtlinien durchgesetzt, selbst wenn den meisten kleinen Kommunen im dünn besiedelten Umland oft die Mittel, das Personal und auch das Knowhow dafür fehlen.[84] Neben den Regierungs- und Forschungseinrichtungen hat sich seit Beginn des neuen Jahrhunderts in Island auch eine Vielfalt an Nichtregierungsorganisationen gebildet, die sich für Natur- und Umweltschutz einsetzen. Beispiele sind „Ungir Umhverfissinnar" („Junge Umweltschützer"), „Worldwide Friends" und „Saving Iceland". Greenpeace und WWF unterhalten allerdings keine Büros in Island.

Island hat zahlreiche internationale Natur- und Umweltschutzabkommen mitunterzeichnet, darunter das Ramsar-Abkommen zum Schutz von Feuchtgebieten im Jahr 1978, die Wien-Konvention zum Schutz der Ozonschicht 1989 oder 2012/2019 die sogenannte Florenz-Konvention. Island ist auch Mitglied zahlreicher internationaler Plattformen und Netzwerke zum Umwelt- und Naturschutz u. a. im „Europark"-Netzwerk, einem Zusammenschluss aller Natur- und Kulturerbe-Regionen in Europa.[85] Seit 2002 ist Island auch wieder Unterzeichner des Internationalen Übereinkommens zur Regelung des Walfangs, allerdings mit einem rechtlich bis heute umstrittenen Vorbehalt gegenüber dem Walfang-Moratorium (s. Kap. 6).

---

[82] Vgl. *Ministry of the Environment* (1992).
[83] Vgl. *Umhverfisstofnun* (2025).
[84] Vgl. Gylfadóttir (2022).
[85] Vgl. *Government of Iceland* (2025).

6.8 Produktion von Wasserstoff für den Weltmarkt und das Finnafjord-Projekt

Was macht nun also eine kleine Nation wie Island mit so viel „grünen" und damit auch auf dem Weltmarkt nachgefragten Energiereserven im Land? Das, was die eigene Bevölkerung, Infrastruktur und Industrie trotz seit Jahren erzielter Spitzenwerte des Energieverbrauches nicht nutzen kann, soll zur Stärkung der isländischen Wirtschaft anders vermarktet werden.

Dargestellt worden ist hier bereits ausführlich die Ansiedlung von energieintensiver Großindustrie vor Ort. Ob nun Aluminiumwerke, Zement- oder Düngemittelproduktion, Lachsfarmen oder in Zukunft vielleicht auch Rechenzentren oder Serverfarmen – in vielen Fällen werden sich ausländische Investoren der niedrigen Strompreise und der regenerativ zur Verfügung gestellten Energie bedienen, mit möglichen negativen Folgen für Islands einzigartiger Natur und nicht immer mit dem erwartenden Vorteil für die heimische Wirtschaft. Die andere Alternative, die großen Energiepotenziale zu finanziellen Gewinnen zu machen, ist ein Energieexport in andere Länder, was allerdings wegen Islands isolierter Lage nur schwierig zu realisieren ist. Stromspeicherung und Stromtransport über größere Distanzen stellen immer noch große Herausforderungen an die Technik dar.

Zunächst denkt man in Island über den Bau von Unterseestromkabeln nach und will es damit Norwegen gleichtun, das Strom aus seinen Wasserkraftwerken bereits seit 2008 über ein Seekabel in die Niederlande und seit 2021 nach Deutschland liefert.[86] Seit 2012 existieren Planungen für ein fast 1170 km langes, *„Icelink"* genanntes Stromkabel nach Schottland, das ebenso wie das im März 2023 in Betrieb genommene Datenkabel IRIS von Þorlákshöfn aus nach Irland gehen soll. Allerdings sind derzeit die Planungen hierzu auf Eis gelegt. Zu groß sind momentan die Bedenken auf isländischer Seite zum hierzu nötigen Ausbau der Wasserkraft bzw. zu einer möglicherweise bewirkten Verteuerung der Strompreise im eigenen Land. Zunehmende Anschläge und Sabotageakte auf Unterseekabel weltweit erhöhen die Skepsis zusätzlich. Daher konzentrieren sich die Pläne Islands zum Energieexport mittlerweile mehr auf zukunftsweisende Wasserstofftechnologien. Die Nutzung von Wasserstoff als Energieträger gilt als innovativ und klimafreundlich, da Wasserstoff sauber zu Wasser und Sauerstoff verbrennt sowie gut transportiert und gespeichert werden kann. Hierfür wird Wasserstoff komprimiert, durch Kühlung verflüssigt oder physikalisch oder chemisch an andere Stoffe gebunden. Allerdings ist die Wasserstoffforschung noch lange nicht vollständig ausgereift.[87]

Wasserstoff, der in Island durch Strom aus Wasserkraft, Windkraft oder Geothermie gewonnen wird, könnte also als „grüne" Energie mit großen Tankern u. a. nach Europa ausgeführt und dort in Transport und Industrie eingesetzt werden.

---

[86] Vgl. *golem.de* (2014) und *FAZ* (2021).

[87] Produziert wird Wasserstoff durch die energieintensive elektrolytische Spaltung von Wasser. Stammt der dafür nötige Strom aus regenerativen Energien, ist die Wasserstofftechnik weitgehend klimaneutral. Eingesetzt werden kann Wasserstoff als Energieträger in Fahrzeugen, aber auch in der Schwerindustrie u. a. bei der energieintensiven Stahlproduktion.

Und genau hier setzt das sog. „Finnafjord-Projekt" an, das seit 2012 von der Bremer Hafenentwicklungsgesellschaft *bremenports* in Zusammenarbeit mit der isländischen Regierung bzw. isländischen Unternehmen entwickelt wird.

Der Finnafjord (isl. *Finnafjörður*) ist eine dünn besiedelte Region im äußersten Nordosten von Island mit schwacher Infrastruktur. Die Menschen dort leben überwiegend von Fischfang, die großen Touristenströme gehen an dieser abgelegenen Region vorbei, und große Flüsse oder Geothermalgebiete sind ebenfalls nicht in der Nähe. Und doch hat der Finnafjord etwas zu bieten, was Potenzial hat: Die gut geschützte Bucht weit im Nordosten der Insel ist ideal als Standort für einen potenziellen Versorgungshafen für neue Seewege auf transarktischen Routen, die sich durch das durch den anthropogenen Klimawandel immer weiter zurückgehende Meereis auftun könnten.[88] Jedes Jahr können mehr Schiffe über arktische Seewege fahren und so die mit viel mehr Zeit und Kosten verbundenen Passagen durch Suez- oder Panamakanal umgehen. Die kürzeren Routen dienen aber nicht nur dem schnelleren Warentransport, sondern haben daneben auch eine militärisch-geopolitische Bedeutung und spielen außerdem eine wichtige Rolle bei der Erschließung von Rohstoffvorkommen. Seefahrt in arktischen Gewässern erfordert aber immer eine bedeutende Infrastruktur zur Versorgung der Schiffe mit Schutzhäfen, Treibstofflagern, Werften, Umschlagterminals und Havariestützpunkten. Eine solche Funktion könnte der Finnafjord neben Häfen in Spitzbergen, Alaska und Russland – je nach der geopolitischen Situation im Arktischen Ozean – erhalten. Als Drehkreuz für Transporte auf den nördlichen Seewegen ist dort ein Großhafen mit einer Kailänge von bis zu 6 km Länge und einer großflächigen Werft- und Umschlagfläche im Hinterland als ein „neues Rotterdam des Nordens" geplant.[89] Allerdings hat mittlerweile die isländische Regierung etwas Abstand von diesen Plänen genommen, zumal auch China Land für ein Großhafenprojekt namens „*Yen for Ice*" im Nordosten erwerben will, was in Island keine Zustimmung findet. Unter der Koalition der Links-Grünen ist der Ausbau des Finnafjords zum Großhafen für arktische Seerouten kritisch gesehen worden, auch vor dem Hintergrund zu erwartender Umweltgefahren und Bedrohungen der heimischen Fischgründe. Die Weiterentwicklung des Projektes wird daher an die betroffenen Gemeinden im Finnafjord übergeben, denen aber die Mittel und Möglichkeiten für weitergehende Planungen fehlen.

Der deutsche Partner *bremenports* hat seine Planungen infolgedessen so angepasst, dass nun nicht mehr die Versorgungsfunktion des Hafens für die Seerouten im Vordergrund steht, sondern die Verschiffung von Wasserstoff nach Europa, der aus großflächigen Windparks im Bereich des Finnafjords gewonnen werden soll. Konkret möchte *bremenports* den in Island produzierten Wasserstoff dann an Stahlwerke im norddeutschen Raum liefern.[90] Allerdings ist die weitere Entwicklung noch nicht absehbar.

---

[88] Vgl. Langer et al. (2011) und *Deutsches Nationalkomitee für Polarforschung* (2025).
[89] Vgl. Paul (2020), Bennett et al. (2020) und Þórsson (2024).
[90] Vgl. Barth (2022, 2023).

Abb. 6.3 Karte von Island mit wichtigen physiogeographischen Strukturen und Objekten von großer Umweltrelevanz. Städte und Ortschaften sind als rote Kreise gekennzeichnet und in ihrer Größe der Bevölkerungszahl proportional. Kartographie: Matthias Scheibner

Quintessenz 7

Island ist ein Ort, an dem elementare Kräfte aus dem Inneren unseres Planeten sowie die Dynamik des Ozeans und der Atmosphäre die Bühne geschaffen haben und weiterhin gestalten und auf der sich der Mensch erst seit historisch verhältnismäßig kurzer Zeit seinen Lebensraum geschaffen hat. Dann allerdings massiv! Die isolierte Insellage hat zu charakteristischen biogeographischen Besonderheiten wie dem Vorkommen von endemischen Arten oder einer vergleichsweise großen Artenarmut geführt. Der ganz eigene Umgang mit ihrer Natur und Umwelt und ihrer Geschichte zeichnet die Isländer aus.

Obwohl die Bevölkerungsdichte vom Anfang der Besiedlung an bis heute äußerst niedrig war und ist, ist die anthropogene Natur- und Umweltveränderung gravierend: Abholzung, Bodenzerstörung, gigantische Eingriffe in den natürlichen regionalen Wasserhaushalt und in ungestörte Wildnisareale zur Energiegewinnung für Industriegroßprojekte, die nur im globalen Maßstab zu denken und profitorientiert sind. Dies hat die isländische Gesellschaft polarisiert.

Der anthropogene Klimawandel wird nicht ohne Spuren an Island vorbeigehen. Fischgründe werden sich aufgrund geänderter Wassertemperaturen verlagern, Gletscher abschmelzen sowie veränderte hydrologische Situationen und neue Landschaftsbilder schaffen. Aber die steigenden Temperaturen werden es auch möglich machen, dass die landwirtschaftlich nutzbare Fläche in Island wächst und die Agrarproduktion steigt.

Dabei ist das Land für seine Bewohner, aber auch für die Gäste aus aller Welt immer noch der Inbegriff von Naturnähe, Wildnis und Freiheit sowie von Ursprünglichkeit. Und: Zwar ist da stets die Bedrohung durch einschneidende Naturkatastrophen mit Vulkanen, deren Aktivitäten so manche Planung durchkreuzen können – wie sie es in der Vergangenheit so oft getan haben –, aber auch „saubere" Energien im Überfluss, eine frühe und späte Geschichte demokratischer Traditionen, Innovationsfreundlichkeit. Also: Island – ein Sehnsuchtsland?

Abb. 7.1 Neues Grün aus der Asche der Eruption des Eyjafjallajökull. (Foto: Hilke Steinecke, Juni 2010)

Island hat das ehrgeizige Ziel, bis 2040 als erste Nation der Welt komplett CO_2-neutral zu sein. Dieses Ziel ist ambitioniert und verlangt von der isländischen Regierung Wege zu gehen, auf denen Nachhaltigkeit und Wirtschaftlichkeit gleichermaßen bedacht werden, damit Natur, Umwelt und gesellschaftlicher Konsens für die Zukunft gesichert werden können.

Die Zukunft wird zeigen, ob dieses Bild von Wildnis und Freiheit, von grandioser Natur und Ursprünglichkeit sowie „modernem" Leben mit Wohlstand, Sicherheit und Solidarität gerechtfertigt ist oder ein Trugschluss! Hoffen wir, dass doch etwas dran ist an der Vision einer „grünen" Eis-Insel im Nordatlantik (Abb. 7.1).

Steinunn Sigurðardóttir schreibt 2018[1]:

„*Wir Menschen sind sterblich, doch das Land lebt weiter, nach uns kommen neue Menschen, neue Schafe, neue Vögel, doch das Land mit seinen Flüssen und Seen, seiner Vegetation und seinen Wüsten bleibt, es verändert sich im Lauf der Jahrhunderte, doch es bleibt.*"

---

[1] Vgl. Sigurðardóttir (2018), S. 284, hier ein Zitat der isländischen Schäferin *Heiða Guðny Ásgeirsdóttir*, die Sigurðardóttir in ihrem Buch *Heiðas Traum* biographisch begleitet.

Literatur

Aradóttir, E. (2024): Light Metro in Reykjavík. – University of Barcelona, Department of Civil and Environmental Engineering, Master Thesis, 91 S.,http://hdl.handle.net/2117/417677.

Aradóttir, Á. L., Pétursdóttir, T., Halldórsson, G., Svavarsdóttir, K., & Arnalds, Ó. (2013): Drivers of Ecological Restoration: Lessons from a Century of Restoration in Iceland. – Ecology and Society 18 (4), https://doi.org/10.5751/es-05946-180433.

Ármandsdóttir, H. Þ. (2022): Restoring Icelandic Wetlands: Challenges in governing complex ecosystems and restoration efforts. – Stockholms Universitet, Dept. of Human Geography, Master Thesis, 61 S.

Arnalds, A. (1987): Ecosystem disturbance in Iceland. – Arctic and Alpine Research 19 (4), S. 508–513.

Arnalds, E. S. (1989): Reykjavík – Sögustaðir við Sund. – Örn og Örlygur, Reykjavík, 246 S.

Arnalds, Ó. (2000): The Icelandic "rofabard" soil erosion features. – Earth Surface Processes and Landforms 25, S. 17–28.

Arnalds, Ó. (2015): The soils of Iceland. – World Soils Book Series, Springer, Dordrecht, 183 S., https://doi.org/10.1007/978-94-017-9621-7.

Arnalds, Ó., Guðmundsson, J., Óskarsson, H., Brink, S. H. & Gísladóttir, F. O. (2016): Iceland Inland Wetlands: Characteristics and Extent of Drainage. – Wetlands 36 (4), https://doi.org/10.1007/s13157-016-0784-1.

Arnarson, R. (2008): Climate Change and Fisheries: Assessing the Economic Impact in Iceland and Greenland. – Natural Resource Modeling 20 (2), 163–197, https://doi.org/10.1111/j.1939-7445.2007.tb00205.x.

Baldursson, S. & Ingadóttir, Á. (Hrsg.) (2007): Nomination of Surtsey for the UNESCO world heritage list. – Náttúrufræðistofnun Íslands, Reykjavík, 123 S., https://english.surtsey.is/wp-content/uploads/2019/08/Surtsey_Nomination_Report_2007_72dpi.pdf.

Barth, C. (2022): Grüne Energie vom Elfenhügel. Wie Bremenports beim Aufbau eines isländischen Wasserstoffhafens helfen will. – Weserkurier 6. 5. 2022, S. 16.

Barth, C. (2023): Bremenports hält an Island-Projekt fest. Mit dem Wind auf der Insel soll Wasserstrom für die Industrie erzeugt werden. – Weserkurier 14. 7. 2023, S. 16.

Behringer, W. (2007): Kulturgeschichte des Klimas. Von der Eiszeit bis zur globalen Erwärmung. – C. H. Beck, München, 352 S.

Bennett, M. M., Stephenson, S. R., Yang, K. Bravo, M. T. & De Jonghe, B. (2020): The opening of the Transpolar Sea Route: Logistical, geopolitical, environmental and socioeconomic impacts. – Marine Policy 121, https://doi.org/10.1016/j.marpol.2020.104178.

Bernardi, G. (2020): Reykjavik. 1000 Ideen aus der Bevölkerung. – Powernewz, 17.1.2020, https://powernewz.ch/rubriken/smart-city/smart-city-reykjavik/.

Birgisson, B. (2020): Quell des Lebens. – Residenz Verlag, Salzburg, 304 S.

Bjarnadóttir, B., Aslan Sungur, G., Sigurdsson, B. D., Kjartansson, B. T., Óskarsson, H., Oddsdóttir, E. S., Gunnarsdóttir, G. E., & Black, A. (2021): Carbon and water balance of an afforested shallow drained peatland in Iceland. – Forest Ecology and Management 482, https://doi.org/10.1016/j.foreco.2020.11886.

Bjarnason, E. (2022): Island – die großartige Geschichte eines kleinen Landes: Wie eine winzige Insel mitten im Atlantik die Welt über Jahrhunderte geprägt hat. – FinanzBuch Verlag, München, 320 S.

Björnsdóttir, S. H. (2018): Blackout Island. – Suhrkamp Taschenbuch 4889, Suhrkamp, Berlin 276 S.

Björnsdóttir, S. H. (2022): Islandfeuer. – Suhrkamp Taschenbuch 5254, Suhrkamp, Berlin 335 S.

Björnsson, H. & Pálsson, F. (2008): Icelandic glaciers. – Jökull 58 (Special issue: ‚The dynamic geology of Iceland'), S. 365–386.

Bundesanstalt für Geowissenschaften und Rohstoffe (BGR) (Hrsg.) (2020): Aluminium – Informationen zur Nachhaltigkeit, https://doi.org/10.25928/5p9f-2x31 , https://www.bgr.bund.de/DE/Gemeinsames/Produkte/Downloads/Informationen_Nachhaltigkeit/aluminium.html].

Bundesamt für Naturschutz (BfN) (2025): Nationalparke. – https://www.bfn.de/nationalparke.

Bundesverband der Geothermie (2020): Lexikon der Geothermie: Überkritisches Wasser. – https://www.geothermie.de/bibliothek/lexikon-der-geothermie/w/wasser-ueberkritisches.

Butrico, G. & Kaplan, D. (2018): Greenhouse agriculture in the Icelandic food system. – European Countryside, vol. 10, no. 4, S. 711–724, https://doi.org/10.2478/euco-2018-0039.

Callow, C. & Evans, C. (2014): The mystery of plague in medieval Iceland. – Journal of Medieval History 42 (2), S. 254–284.

Carwardine, M. (1986): Iceland. Nature's Meeting Place. A Wildlife Guide. – Iceland Review, Reykjavík, 192 S.

Climate Change Knowledge Portal (2025): Iceland. – https://climateknowledgeportal.worldbank.org/country/iceland/climate-data-historical.

ClimateChangePost (2025a): Benefits from climate change. – https://www.climatechangepost.com/countries/Iceland/agriculture-and-horticulture/ (aufgerufen Februar 2025).

ClimateChangePost (2025b): Iceland – Climate Change. – https://www.climatechangepost.com/countries/Iceland/climate-change/.

Crofts, R. (2011): Healing the Land. The Story of Land Reclamation and Soil Conservation in Iceland. – Soil Conservation Service of Iceland, Gunnarsholt, 208 S.

Dachverband Geothermie-Schweiz (2024): Geothermie_Statistik weltweit. – https://geothermie-schweiz.ch/geothermie/weltweit/.

Dawson, W., Moser, D., van Kleunen, M., Kreft, H., Pergl, J., Pyšek, P., Weigelt, P., Winter, M., Lenzner, B., Blackburn, T., Dyer, E., Cassey, P., Scrivens, S., Economo, E., Guénard, B., Capinha, C., Seebens, H., Garcia-Diaz, P. Nentwig, W., Garcia-Berthou, E., Casal, C., Mandrák, N., Fuller, P., Meyer, C. & Essl, F. (2017): Global hotspots and correlates of alien species richness across taxonomic groups. – Nature Ecology and Evolution s41559–017–0186].

DEEPGES Geothermal (Hrsg.) (2020): The drilling of the Icelandic Deep Drilling Project geothermal well at Reykjanes has been successfully completed. – https://www.icdp-online.org/fileadmin/icdp/projects/doc/iddp/IDDP2-Driller-Reports/IDDP-2-Completion-websites-IDDP-DEEPEGS.pdf.

Del Giudice, M. (2008): Islands neue Not. Wer Island verstehen will, muss vor allem begreifen, wie spärlich es bevölkert ist. – National Geographic 2008, Heft 3, S. 72 https://nationalgeographic.de/geschichte-und-kultur/islands-neue-not.

Deutsches Nationalkomitee für Polarforschung (2025): Polare Verstärkung des Klimawandels. – https://scar-iasc.de/polare-verstaerkung-des-Klimawandels.

Deutsch-Isländische Gesellschaft Bremerhaven/Bremen (2020): Islands Gletscher schmelzen. – https://www.dig-bremerhaven-bremen.de/aktuelles-1/gletschersterben/#.

Dou, Initiale (2021): Comparative analysis of indicators and variables that define or categorize a city as „Green City" – study the cities of Reykjavik, Malmö, Vancouver, Seoul, Copenhagen, and Singapore. – Master Thesis, Universität Barcelona.

Drinkwater, K. F. (2005): The response of Atlantic Cod (Gadus marhua) to future climate change. – ICES Journal of Marine Science, vol. 62, issue 7, S. 1327–1337, https://doi.org/10.1016/j.icesjms.2005.05.015.

Dugmore, A. J. & Buckland, P. C. (1991): Tephrochronology and Late Holocene soil erosion in south Iceland. – In: Maizels, J. K. & Caseldine, C. (Hrsg.): Environmental Change in Iceland: Past and Present. Dordrecht, S. 147–161.

Eddudóttir, S. D., Erlendsson, E. & Gísladóttir, G. (2020): Landscape change in the Icelandic highland: A long-term record of the impact of land use, climate and volcanism. – Quaternary Science Reviews, vol. 240, https://doi.org/10.1016/j.quascirev.2020.106363.

Einarsson, S. (2001): Jarðfræðilegar náttúruminjar á áhrifasvæði Kárahnjúkavirkjunar. – Reykjavík, http://utgafa.ni.is/skyrslur/2002/NI-012002.pdf.

Einarsson, Þ. (1994): Geologie von Island. Gesteine und Landschaften. – Mál og menning, Reykjavík, 304 S.

Eiríksson, J., Knudsen, K. L., Hafliðason & Heinemeier, J. (2000): Chronology of late Holocene climatic events in the northern North Atlantic based on AMS 14C dates and tephra markers from the volcano Hekla, Iceland. – Journal of Quaternary Science 15 (6), S. 573–580.

ERIH (2025): Zur Industriegeschichte von Island. – European Route of Industrial Heritage, https://www.erih.de/wie-alles-begann/industriegeschichte-europaeischer-laender/island.

Eysteinsson, Th. (2017): Forestry in a Treeless Land. – Icelandic Forest Service, Egilsstaðir, Iceland, 22 S.

FAZ (Frankfurter Allgemeine Zeitung) (2021): Stromleitung „nordlink". – Die Mär vom grünen Wunderkabel. – 27. 5. 2021, https://www.faz.net/aktuell/wirtschaft/klima-nachhaltigkeit/stromkabel-zwischen-deutschland-und-norwegen-ab-heute-in-betrieb-17356597.html.

Feldmann, M. (2025): Tourismus in Island. – https://www.eldey.de/Wirtschaft/Tourismus/Tourismus.html.

Fischer, S. (o. D.): Das Aufforstungsprojekt ‚Hekluskógar'. Europas größtes Wiederaufforstungsprogramm. – https://hekluskogar.is/information/die-idee-von-hekluskogar/das-aufforstungsprojekt-hekluskogar-europas-grostes-wiederaufforstungsprogramm/ .

Fitzhugh, W. W. & Ward, E. I. (Hrsg.) (2000): Vikings. The North Atlantic Saga. –Smithsonian Institution, Washington (D.C.), 432 S.

Frei, K. M., Coutu, A. N., Smiarowski, K., Harrison, R., Madsen, C. K., Arneborg, J. & McGovern, T. H. (2015): Was it for walrus? Viking Age settlement and medieval walrus ivory trade in Iceland and Greenland. – World Archaeology, 47 (3), S. 439–466, https://doi.org/10.1080/00438243.2015.1025912.

Friðriksson, G. (2014): Reykjavík Walks. Explore the Old City Centre and Neighbourhood. Six illustrated 1–2 hour walks. – Bókaútgáfan Hildur ehf, Reykjavík, 240 S.

Friðriksson, G. (2021): Cloacina. Saga fráveitu. Veitur, Reykjavík, 463 S.

Gehrmann, A. (2016): Alles ganz isi. Isländische Lebenskunst für Anfänger und Fortgeschrittene. – dtv premium, dtv Verlagsgesellschaft, München, 277 S.

Gerste, R. D. (2022): Die Pocken dezimierten ganze Völker, bevor die Medizin ein Mittel dagegen fand. – Neue Zürcher Zeitung (vom 2. Juli 2022).

Gíslason, S. R. , Stefánsdóttir, G., Pfeffer, M. A., Barsotti, S., Jóhannsson, Th., Galeczka, I., Bali, E., Sigmarsson, O., Stefánsson, A., Keller, N. S., Sigurdsson, Á., Bergsson, B., Galle, B., Jacobo, V. C., Arellano, S., Aiuppa, A., Jónsdóttir, E. B., Eiríksdóttir, E. S., Jakobsson, S., Guðfinnsson, G. H., Halldórsson, S. A., Gunnarsson, H., Haddadi, B., Jónsdóttir, I., Thordarson, Th., Riishuus, M., Högnadóttir, Th., Dürig, T., Pedersen, G. B. M., Höskuldsson, Á. & Gudmundsson, M. T. (2015): Environmental pressure from the 2014–15 eruption of Bárðarbunga volcano, Iceland. – Geochemical Perspectives Letters (2015) 1, 84–93, https://doi.org/10.7185/geochemlet.1509.

Gläßer, E. & Schnütgen, A. (1986): Island. – Wissenschaftliche Länderkunden, Band 28, Wissenschaftliche Buchgesellschaft, Darmstadt, 315 S.

Glawion, R. (1985): Die natürliche Vegetation Islands als Ausdruck des ökologischen Raumpotentials. – Bochumer Geographische Arbeiten, Heft 45, Bochum, 208 S.

Global Footprint Network (Hrsg.) (2025): Footprint Data Platform. – https://data.footprintnetwork.org.

Golem.de (2014): Seekabel. Island – eine Insel sucht Anschluss. – 16. 6. 2014, https://www.golem.de/news/seestromkabel-island-eine-insel-suchtanschluss-1406-107210.html.

Government of Iceland (2020): Leading in sustainable development. Icelandic Tourism 2030. – Reykjavík, 11 S. [Leading in Sustainable Development_Icelandic Tourism 2030. Pdf].

Government of Iceland (2025): Ministry of the Environment. International Cooperation. – https://www.government.is/topics/environment-climate-and-nature-protection/national-parks-and-protected-areas/international-cooperation/.

Government of Iceland; Ministry of Industries and Innovation (2020): A Sustainable Energy Future. An Energy Policy to the year 2050. – Reykjavík, 30 S.

Gunnarsson, F. G. (2020): Fyrsta tilfelli COVID-19 greint á Íslandi. RÙV Fréttir, 28. 2. 2020, http://www.ruv.is/frettir/innlent/fyrsta-tilfelli-covid-19-greint-a-islandi.

Gunnarsson, P. (2011): Reykjavík. – Insel Verlag, Berlin, 115 S.

Gudmundsson, H. (2024): Im Schatten des Vulkans. Eine literarische Reise ins Herz Islands. – Penguin Random House Verlagsgruppe, München, 511 S.

Guðmundsson, H. J. (1997): A review of the Holocene environmental history of Iceland. – Quaternary Science Reviews 16 (1), S. 81–92.

Guðmundsson, A. T. (2013): Living Earth: Outline of the Geology of Iceland. – Mál og menning, Reykjavík, 408 S.

Guðmundsson, S. (2016): Exploring Iceland's Geology. – Mál og menning, Reykjavík, 168 S.

Gústafsson, L. & Steinecke, K. (1995): Airborne contaminants and their impact on the city of Reykjavík, Iceland. – Science of the Total Environment 160–161, S. 363–373.

Gylfadóttir, K. H. (2022): Local Governments and Environmental Policy in Iceland. – Master Thesis in Environment and Natural Resources, University of Iceland, February 2022, Reykjavík, 61 S., https://skemman.is/bitstream/1946/40144/4/Local%20Governments%20-%20MA%20thesis.pdf.

Harning, D. J., Geirsdóttir, Á., Miller, G. H. & Anderson, L. (2016): Episodic expansion of Drangajökull, Vestfirðir, Iceland, over the last 3 ka culminating in its maximum dimension during the Little Ice Age. – Quaternary Science Reviews 152, S. 118–131, https://doi.org/10.1016/j.quascirey.2016.10.001.

Helliwell, J. F., Layard, R., Sachs, J. D., De Neve, J.-E., Aknin, L. B., & Wang, S. (Eds.) (2024): World Happiness Report 2024. – University of Oxford: Wellbeing Research Centre.

Hjartardóttir, B. (2021): Black Carbon in Reykjavík: Traffic Related Pollution in a Cold Climate City. – Master Thesis in Environmental Engineering. Faculty of Civil- and Environmental Engineering, University of Iceland, Reykjavík, 59 S.

Hlynsdóttir, E. M. (2020): Urbanisation in a Small State: The Case of Iceland. – In: Hlynsdóttir, E. M. (Hrsg.): Sub-national Governance in Small States. The Case of Iceland, Cham, S. 75–91.

Hjálmarsson, J. R. (1994): Die Geschichte Islands. Von der Besiedlung zur Gegenwart. – Iceland Review, Reykjavík, S. 208 S.

Iceland Climatology (2021): Iceland. – https://climateknowledgeportal.worldbank.org/country/iceland/climate-data-historical.

Iceland Review (2017): Ende einer Ära für das Zementwerk Akranes. – https://www.iceland-review.com/de/News/Eine-%C3%84ra-geht-zu-Ende-%E2%80%93-das-Zementwerk-Akranes/.

Icelandic Institute of Natural History (2024a): Fauna – Mammals – Polarbear – https://www.ni.is/en/fauna/mammals/hvitabjorn.

Icelandic Institute of Natural History (2024b): Red list for vascular plants. – https://www.ni.is/en/resources/publications/red-lists/plontur.

Icelandic Institute of Natural History (2024c): Invasive plant species. – https://www.ni.is/en/flora-funga/invasive-plant-species.

Icelandic Institute of Natural History (2024d): Invasive animal species. – https://www.ni.is/en/fauna/invasive-animal-species.

Icelandic Institute of Natural History (2024e): Hreindýr (Rangifer tarandus). – https://www.ni.is/is/biota/animalia/chordata/mammalia/artiodactyla/hreindyr-rangifer-tarandus.

Icelandic Institute of Natural History (2024f): Red list for bird. – https://www.ni.is/en/resources/publications/red-lists/fuglar.

Icelandic Institute of Natural History (2024g): Red list for mammals. – https://www.ni.is/en/resources/publications/red-lists/spendyr.

Icelandic Met Office (2024): Climate in Iceland. – https://en.vedur.is/weather/climate_in_Iceland.

Iceland Responsible Fisheries Foundation (2025): The Programme. - https://www.responsiblefisheries.is/certification/the-programme.

Icelandic Tourist Board (2024a): Tourism in Iceland in Figures – Summer (June-August) 2024. – FMS 2024–35, https://www.ferdamalastofa.is/static/files/ferdamalastofa/talnaefni/ferdatjonusta-i-tolum/2024/okt/summer-2024.pdf.

Icelandic Tourist Board (2024b): Number of foreign passengers with cruise ships 2012–2023. – https://www.ferdamalastofa.is/en/recearch-and-statistics/numbers-of-foreign-visitors#number-of-foreign-passengers-with-cruise-ships.

International Geothermal Association (IGA) (Hrsg.) (2025): Geothermal Energy Database. – https://worldgeothermal.org/geothermal-data/geothermal-energy-database.

International Monetary Fund (2024): World Economic Outlook Database. – October 2024 Edition https://www.imf.org/en/Publications/WEO/weo-database/2024/October.

ITG (Informationsportal Tiefe Geothermie) (Hrsg.) (2011): CCS mit neuem Blickwinkel. Island erprobt ein neues Verfahren zur CCS Speicherung. – https://www.tiefegeothermie.de/news/ccs-mit-neuem-Blickwinkel.

Iwan, W. (1935/2010): Island 1935. Ein historischer Landes- und Reiseführer. – Kommissionsverlag von J. Engelhorns Nachf., Stuttgart [Nachdruck: Europäischer Hochschulverlag GmbH & Co KG, Bremen, 155 S.].

Jeffrey, K., Wheatley, H. & Abdallah, S. (2016): The Happy Planet Index 2016. A global index of sustainable well-being. – New Economics Foundation, London.

Jónsdóttir Svane, S. (1963): Um mosaþembugróður (Über die *Rhacomitrium*-Heide in Island). – Náttúrufræðingurinn 13, S. 233–263.

Jónsson, J. (1965): Whales and Whaling in Icelandic Waters. – Norsk Hvalfangst-Tidende 54 (11), S. 245–253.

Karlsson, G. (2010): Eine kompakte Geschichte Islands. – Mál og menning, Reykjavík, 79 S.

Karlsson, G. & Kjartansson, H. S. (1994): Plágurnar miklu á Íslandi. – Saga, Tímarit Sögufélags, Reykjavík, XXXII, S. 11–74.

Keighley, X., Pálsson, S., Einarsson, B. F., Petersen, A., Fernández-Coll, M., Jordan, P., Olsen, M. T. & Malmquist, H. J. (2019): Disappearance of Icelandic Walruses Coincided with Norse Settlement. – Molecular Biology and Evolution 36 (12), S. 2656–2667, https://doi.org/10.1093/molbev/msz196.

Kloes, G. M. H. R. (2024): Wenn David und Goliath eine Allianz bilden, fragt man sich, wer am Ende gewinnt. – Island. Zeitschrift der Deutsch-Isländischen Gesellschaft e.V. Köln und der Gesellschaft der Freunde Islands e.V. Hamburg 29, Heft 2-2023, S. 29–32.

Knebel, W. v. & Reck, H. (1912): Island. Eine naturwissenschaftliche Studie. – E. Schweizerbart'sche Verlagsbuchhandlung, Stuttgart, 290 S.

Kölbl, R. (2017a): Wieder tödlich verunglückte Touristen. – Island. Zeitschrift der Deutsch-Isländischen Gesellschaft e.V. Köln und der Gesellschaft der Freunde Islands e.V. Hamburg 23, Heft 1–2017, S. 49–51.

Kölbl, R. (2017b): Umfragezahlen zur Akzeptanz des Tourismus. – Island. Zeitschrift der Deutsch-Isländischen Gesellschaft e.V. Köln und der Gesellschaft der Freunde Islands e.V. Hamburg 23, Heft 2–2017, S. 37.

Kowarik, I. (2003): Biologische Invasionen durch nichteinheimische Pflanzenarten. –In: Nationalatlas Bundesrepublik Deutschland. Klima, Pflanzen- und Tierwelt (S. 10–11), Leibniz-Institut für Länderkunde (Hrsg.), Spektrum Akademischer Verlag, Leipzig, 276 S.

Kraas, F. & B. Hennig (2024): Reykjavík in Transformation. – Geographische Rundschau 1–2, 2024, S. 36–40.

Kristinsson, H. & S. Heiðmarksson (2009): Colonization of lichens on Surtsey 1970–2006. Surtsey Research 2009 12: 79–102 [www.surtsey.is].

Küster, H. (2009): Schöne Aussichten. Kleine Geschichte der Landschaft. – Verlag C. H. Beck, München, 127 S.

Küster, H. (2012): Die Entdeckung der Landschaft. Einführung in eine neue Wissenschaft. – Verlag C. H. Beck, München, 361 S.

Kuitems, M., Wallace, B. L., Lindsay, C., Scifo, A., Doeve, P., Jenkins, K., Lindauer, S., Erdil, P., Ledger, P. M., Forbes, V., Vermeeren, C., Friedrich, R. & Dee, M. W. (2022): Evidence of European presence in the Americas in AD 1021. – Nature 601, S. 388–391.

Langer, M., Schwantz, S., Steinecke, K. & Venzke, J.-F.(2011): Perspektiven der arktischen Seefahrt in der Zukunft. – In: Lozán, J. L. et al. (Hrsg.): „Warnsignale Ozeane. Wissenschaftliche Fakten", Wissenschaftliche Auswertungen, Parey; Hamburg, S. 294–299.

Laxness, H. (2017): Sein eigener Herr. – 2. Aufl., Steidl-Verlag, Göttingen, 600 S.

Líndal, S. (2011): Eine kleine Geschichte Islands. – Suhrkamp Verlag, Berlin, 361 S.

Lindeman, M. (1869): Die Arktische Fischerei der Deutschen Seestädte 1620 – 1868 in vergleichender Darstellung. – Petermanns Geographische Mitteilungen, Ergänzungsheft Nr. 26, 118 S.

Living National Treasures (2024): Iceland. – https://lntreasures.com/iceland.html.

Magnason, A. S. (2011): Traumland. Was bleibt, wenn alles verkauft ist? – Orange Press, Berlin, 285 S.

Magnusson, K. (2024): Gebrauchsanweisung für Island. – Piper Verlag, München, 208 S.

Marek, M. & Breiholz, J. (2025): Wie Island gegen das Verschwinden der Wildlachse kämpft. – https://www.derstandard.de/story/3000000250129/wie-island-gegen-das-verschwinden-der-wildlachse-kaempft.

Marx, M. (2024): Das sind die zehn reichsten Länder der Welt nach BIP pro Kopf. – https://www.handelsblatt.com/politik/international/ranking-2024-das-sind-die-zehn-reichsten-laender-der-welt-nach-bip-pro-kopf/24424110.html.

McGovern, T. H. (2000): The Demise of Norse Greenland. – In: Fitzhugh, W. W. & Ward, E. I. (Hrsg.): ‚Vikings. The North Atlantic Saga', Smithsonian Institution, Washington (D.C.), S. 327–339.

Mehler, N. (2024): Parlament an der Lavaspalte. – ZEITGeschichte 2/2024, S. 78/79.

Miller, G. H., Geirsdóttir, Á., Zhong, Y., Larssen, D. J., Otto-Bliesner, B. L., Holland, M. M., Bailey, D. A., Refsnider, K. A., Lehman, S. J., Southon, J. R., Anderson, C., Björnsson, H. & Thordarson, Th. (2012): Abrupt onset of the Little Ice Age triggered by volcanism and sustained by sea-ice/ocean feedbacks. – Geophysical Research Letters 39 (2) [https://doi.org/10.10 29/2011GL050168].

Ministry of the Environment (1992): Iceland. – National Report to UNCED. Reykjavík, 189 S.

Ministry of Food, Agriculture and Fisheries (2024a): Aquaculture. – www.government.is/topics/business-and-industry/fisheries-in-iceland/aquaculture .

Ministry of Food, Agriculture and Fisheries (2024b): History of fisheries. – www.government.is/topics/business-and-industry/fisheries-in-iceland/historyoffisheries.

Müllerwiebus, R. (2023): Carbfix: Sichere und permanente CO_2-Speicherung durch Mineralisierung. – Island. Zeitschrift der Deutsch-Isländischen Gesellschaft e.V. Köln und der Gesellschaft der Freunde Islands e.V. Hamburg 29, Heft 2-2023, S. 35–36.

Müllerwiebus, R. (2024a): Erster Windpark genehmigt. – Island. Zeitschrift der Deutsch-Isländischen Gesellschaft e.V. Köln und der Gesellschaft der Freunde Islands e.V. Hamburg 30, Heft 2-2024, S. 44–45.

Müllerwiebus, R. (2024b): Kalkalgenabbau in Súðavík in Vorbereitung. – Island. Zeitschrift der Deutsch-Isländischen Gesellschaft e.V. Köln und der Gesellschaft der Freunde Islands e.V. Hamburg 30, Heft 2–2024, S. 45.

Nannini, S. (2023): The Icelandic Concrete Saga. Architecture and Construction (1847–1958). – Jovis Verlag, Berlin, 224 S.

Náttúrufræðistofnun Íslands (2024): Tegundaskrá smádýra. – Akureyri, 72 S., https://www.ni.is/sites/default/files/2024-12/tegundaskra_smadyra_vefur.pdf.

Norðdahl, H., Ingólfsson, Ó., Pétursson, H. G. & Hallsdóttir, M. (2008): Late Weichselian and Holocene environmental history of Iceland. – Jökull 58 (Special issue: ‚The dynamic geology of Iceland'), S. 343–364.

Nordic Adventure Travel (2025): Sigríður Tómasdóttir. – https://nat.is/sigridur-tomasdottir.

Ólafsdóttir, R. & Runnström, M. (2015): Impact of Recreational Trampling in Iceland: A Pilot Study Based on Experimental Plots from Þingvellir National Park and Fjallabak Nature Reserve. – The Icelandic Tourist Board, Reykjavík, Iceland.

Oppenheimer, C., Orchard, A., Stoffel, M., Newfield, T. P., Guillet, S., Corona, C., Sigl, M., Cosmo, N. & Büntgen, U. (2018): The Eldgjá eruption: timing, long-range impacts and influence on the Christianisation of Iceland. – Climatic Change 147, S. 369–381.

Orkustofnun (Hrsg.) (2022a): Jarðvarmaspá 2020–2060. Eftirspurnarspá á landsvísu. – Reykjavík, 80 S., https://gogn.orkustofnun.is/Skyrslur/OS-2022/OS-2022-01.pdf.

Orkustofnun (Hrsg.) (2022b): Orkutölur 2021. – https://gogn.orkustofnun.is/os-onnur-rit/Orkutolur-2021-islenska-A-4.pdf.

Óskarsson, G. K., Agnarsson, S. & Davíðsdóttir, B. (2022): Waste management in Iceland: Challenges and costs related to achieving the EU municipal solid waste targets. – Waste Management 151, S- 131–141, https://www.sciencedirect.com/science/article/abs/pii/S0956053X22003889.

Owens, M. J., Lockwood, M., Hawkins, E., Usoskin, I., Jones, G. S., Barnard, L., Schurer, A. & Fasullo, J. (2017): The Maunder Minimum and the Little Ice Age: an update from recent reconstructions and climate simulations. – Journal of Space Weather and Space Climate, Bd. 7, A33, https://doi.org/10.1051/swsc/2017034.

Parks, M., Sigmundsson, F., Barsotti, S., Geirsson, H. & Vogfjörð, K. S. (2024): Volcano-tectonic activity on the Reykjanes Peninsula since 2019: Overview and associated hazards. – Icelandic Met Office, https://en.vedur.is/volcanoes/fagradalsfjall-eruption/.

Paul, M. (2020): Arktische Seewege: Zwiespältige Aussichten im Nordpolarmeer. – SWP-Studie, No. 14/2020, Stiftung Wissenschaft und Politik (SWP), Berlin, https://doi.org/10.18449/2020S14.

Petter, J. (2024): Invasion der Zombielachse. – www.spiegel.de/ausland/aquakulturen-in-island-ein-land-kaempft-fuer-den-lachs.

Podbregar, N. (2015): Island: "Erbgut-Selfie" einer Nation. – Bild der Wissenschaft (15. März 2015), https://www.wissenschaft.de/erde-umwelt/island-erbgut-selfie-einer-nation/.

Podbregar, N. (2023): Der erste Versuch. IDDP-Bohrung 1 stößt auf Magma. – Scinexx.de. das wissenschaftsmagazin, https://www.scinexx.de/dossierartikel/der-erste-versuch.

Priebs, A. & Mósesdóttir, R. (1987): Reykjavík – Entwicklung von einer Wikingersiedlung zur Hauptstadt Islands. – Geographische Rundschau 39, 191–197.

Qualtrics.xm (2025): Net Promoter Score (NPS) berechnen. – https://www.qualtrics.com/de/erlebnismanagement/kunden/net-promoter-score/.

Responsible Fisheries Iceland (o. D.): Cod. – https://www.responsiblefisheries.is/islenska/islenskur-uppruni/fisktegundir/cod (aufgerufen Februar 2025).

Ritchie, H., Roser M. & Rosado, P. (2020): Renewable Energy. – Our World in Data, https://ourworldindata.org/renewable-energy.

Roser, M. & H. Ritchie (2022): Energy use per person. – Our World in Data, https://ourworldindata.org/per-capitenergyuse.

Rosenblad, E. & Sigurðardóttir-Rosenblad, R. (1993): Iceland from Past to Present. – Reykjavík.

Runólfsson, S. (1987): Land reclamation in Iceland. – Arctic and Alpine Research 19, S. 514–517.

SAF (The Icelandic Travel Industry Association) (2024): Kosningar 2024. Samtök ferðaþjónustunnar. – https://www.saf.is/wp-content/uploads/2024/11/Stadreyndir-ferdathjonustu-itarefni-kosningar2024-SAF.pdf.

Schledermann, P. (2000): 1000 A.D. East Meets West. – In: Fitzhugh, W. W. & Ward, E. I. (Hrsg.): Vikings. The North Atlantic Saga, Smithsonian Institution, Washington (D.C.), S. 189–192.

Schmidt, F.-U. (1991): Ísland. Naturkundlicher Reiseführer Nr. 1. – Verlag Natur-Studienreisen, Göttingen, 444 S.

Schmidt, L. S., Aðalsgeirsdóttir, G., Pálsson, F., Langen, P. L., Guðmundsson, S. & Björnsson, H. (2019): Dynamic simulations of Vatnajökull ice cap from 1980 to 2300. – Journal of Glaciology 66 (255), S. 97–11.

Schopka, S. A. (2003): Wie schützt Island seine Fischbestände? – Island. Zeitschrift der Deutsch-Isländischen Gesellschaft zu Köln und der Gesellschaft der Freunde Islands Hamburg, Jg. 9, H. 1, S. 46–49.

Schopka, S. A. (2024a): Die Vulkanaktivitäten auf der Reykjaneshalbinsel. – Island. Zeitschrift der Deutsch-Isländischen Gesellschaft e.V. Köln und der Gesellschaft der Freunde Islands e.V. Hamburg 30, Heft 2-2024, S. 43–44.

Schopka, S. A. (2024b): Tourismus und Wirtschaft. – Island. Zeitschrift der Deutsch-Isländischen Gesellschaft e.V. Köln und der Gesellschaft der Freunde Islands e.V. Hamburg 30, Heft 2–2024, S. 41.

Schröder, T. (2022): Kritische Metalle für die Energiewende. Der neue Rohstoffrausch. – Deutschlandfunk, 8. 5. 2022, https://www.deutschlandfunk.de/rohstoffe-energiewende-recycling-umwelt-ressourcen-100.html.

Schröter, H. G. (2021): Geschichte Skandinaviens. – C. H. Beck, München.

Schunke, E. (1977a): Geoökologie der Frostböden auf Island und ihre Bedeutung für die Bodennutzung. – Abhandlungen der Braunschweigischen Wissenschaftlichen Gesellschaft 28, Braunschweig, S. 23–51.

Schunke, E. (1977b). Zur Genese der Thufur Islands und Ost-Grönlands. – Erdkunde, 31 (4), S. 279–287, https://doi.org/10.3112/erdkunde.1977.04.04

Schwabe, G. H. (1970): Zur Ökogenese auf Island. – Schriften des Naturwissenschaftlichen Vereins Schleswig-Holsteins, Sonderband Surtsey, S. 101–120.

Schwarzbach, M. (1964): Edaphisch bedingte Wüsten. Mit Beispielen aus Island, Teneriffa und Hawaii. – Zeitschrift für Geomorphologie, Neue Folge, 8 (4), S. 440–452.

Seaver, K. A. (2011): Mit Kurs auf Thule. Die Entdeckungsreisen der Wikinger. – Konrad Theiss Verlag, Stuttgart, 284 S.

Seliger, A. (2022): Immer weniger Treibholz für Island bei schrumpfendem Meereis. – Polarkreisportal.de, 4.9.2022, https://polarkreisportal.de/immer-weniger-treibholz-fur-island-bei-schrumpfendemmeereis#.

Siggeirsson, E. I. (1978): Über den Kartoffelanbau in Island. – Forschungsstelle Neðri Ás, Bulletin No. 30, Hveragerði, 32 S.

Sigurgeirsson, M. Á., Hauptfleisch, U., Newton, A. & Einarsson, Á. (2013): Dating of the Viking Age Landnám Tephra Sequence in Lake Mývatn Sediment, North Iceland. – Journal of the North Atlantic 21, S. 1–11, https://doi.org/10.3721/037.004.m702.

Sigurjónsson, K. (2020): Óvist um framgang frumvarps um Hálendisþjóðgarð. – RUV Frettir 10. 12. 2020, https://www.ruv.is/frettir/innlent/2020-12-10-ovist-um-framgang-frumvarps-um-halendisthjodgard.

Sigursveinsson, S. (1983): The utilization of bogs for grassland farming: A comparative study of resource development in Newfoundland and Iceland. – Master Thesis, Memorial University of Newfoundland, Department of Geography, St. John's, 280 S.

Sigurðardóttir, S. (2018): Heiðas Traum. Eine Schäferin auf Island kämpft für die Natur. – Carl Hanser Verlag, München, 284 S.

Skógræktin/Icelandic Forestry Service (o. D.): Forestry in a treeless land. – www.skogur.is/en/forestry/forestry-in-a-treeless-land (aufgerufen Februar 2025).

[Der] SPIEGEL (2024): Kristrún Frostadóttir wird neue Ministerpräsidentin von Island. – 22. 12. 2024, https://spiegel.de/ausland/island-sozialdemokratin-kristrun-frostadottir-wird-neue-ministerpraesidentin-von-island-a-7a119016-3a62-44ac-966a-4d745f23e7bc.

Statista (2025): Wichtigste Länder weltweit nach installierter elektrischer Leistung von Geothermieanlagen im Jahr 2023. – https://de.statista.com//statistik/daten/studie/166655/umfrage/installierte-stromleistung-durch-geothermie-weltweit-nach-laendern/.

Statistics Iceland (2024a): https://statice.is/publications/news-archive/inhabitants/the-population-on-1-january-2023/.

Statistics Iceland (2024b): https://statice.is/statistics/environment/energy/production-and-consumption/.

Statistics Iceland (2025a): https://www.statice.is/statistics/business-sectors/fisheries/.

Statistics Iceland (2025b): https://www.statice.is/statistics/business-sectors/tourism/short-term-indicators-in-tourism/.

Statistisches Bundesamt (2024): Pkw-Dichte 2024 leicht gestiegen. – Pressemitteilung N. N051 vom 8. Oktober 2024. – https://www.destatis.de/DE/Presse/Pressemitteilungen/2024/10/PD24_N051_46.

Stéfansson, J. K. (2022): Dein Fortsein ist Finsternis. – Piper Verlag, München, 544 S.

Steinecke, K. (1995a): Stadtökologische Untersuchungen in Reykjavík, Island. – Dissertation, Universität GH Essen, Essen, 320 S.

Steinecke, K. (1995b): Stadtökologische Untersuchungen in Reykjavík, Island. – Essener Ökologische Schriften 7, Magdeburg, 310 S.

Steinecke, K. (1999): Urban climatological studies in the Reykjavik subarctic environment, Iceland. – Atmospheric Environment 33, S. 4157–4162, https://doi.org/10.1016/S1352-2310(99)00158-2.

Steinecke, K. & Venzke, J.-F. (2016): Persistenzen und ‚qualitative Sprünge' in der Umweltgeschichte Islands. – Geographische Rundschau 68 (6), S. 40–47.

Sturmberg, K. (2007): Zwischen Naturschutz und Industrialisierung. – https://www.deutschlandfunk.de/zwischen-naturschutz-und-Industrialisierung-100.html.

Sustainable Development Solutions Network (2024): Sustainable Development Report 2024. – The SDGs and the UN Summit of the Future, Dublin University Press, Dublin, 499 S.

Sæþórsdóttir, A.D., Hall, C.M. & Wendt, M. (2020): From Boiling to Frozen? The Rise and Fall of International Tourism to Iceland in the Era of Overtourism. – Environments 2020, 7 (59), https://doi.org/10.3390/environments7080059, https://www.mdpi.com/2076-3298/7/8/59#:~:text=According%20to%20the%20World%20Economic,by%2012%20places%20since%202015.

Sæþórsdóttir, A.D. & Ólafsdóttir, R. (2022): Þjóðgarðar og ferðaþjónusta. 2. Hluti: Viðhorfinnan ferðaþjónustunnar til þjóðgarðs á miðhálendi Íslands. – Náttúrufræðingurinn 92 (3–4), S. 82–100.

Teitsson (2023): "Get a Car, You Loser!" The Roots of Car-Dependency in Reykjavík (and How to Break Free from It). – Master of Science Thesis in European Urban, Studies, Faculty of Architecture and Urbanism, Bauhaus-Universität Weimar, 49 S., https://skemman.is/bitstream/1946/45709/1/Teitsson_bauhaus_thesis.pdf.

The City of Reykjavik (2025a): My Neighborhood. – https://hverfidmitt.is/en.

The City of Reykjavik (2025b): Green City. The Green Deal's Vision for environmental and climate issues. – https://reykjavik.is/en/green-deal/green-city.

The Global Economy (2025): Island: Düngemitteleinsatz. – https://de.theglobaleconomy.com/Iceland/fertilizer_use/.

The Herring Era Museum (o. D.): The Herring History. – www.sild.is/en/history.

Thordarson, T. & Höskuldsson, Á. (2014): Iceland. – Classic Geology in Europe 3, Liverpool University Press, Liverpool, 256 S.

Tómas, R. (2025): Record-Breaking Tourist Numbers Expected in 2025. – https://www.icelandreview.com/news/record-breaking-tourist-numbers-expected-in-2025.

Trodler, D. (2023): Zweites Gebäude in Stöng im Þjórsárdalur gefunden. – https://www.icelandreview.com/de/kultur/zweites-gebaeude-in-stoeng-im-thjorsardalur-gefunden/.

Trodler, D. (2024a): Bürger von Þorlákshöfn lehnen deutsches Mammutprojekt ab. – Icelandic Review, 9. 12. 2024, https://www.icelandreview.com/de/wirtschaft/buerger-von-thorlakshoefn-lehnen-deutsches-mammutprojekt-ab/.

Trodler, D. (2024b): Fjaðrárgljúfur unter Naturschutz gestellt. – Icelandic Review, 14. 5. 2024, https://www.icelandreview.com/de/natur-und-reisen/fjadrargljufur-unter-naturschutz-gestellt/.

Trouet, V., Esper, J., Graham, N. E., Baker, A., Scourse, J. D., Frank, D. C. (2009): Persistent Positive North Atlantic Oscillation Mode Dominated the Medieval Climate Anomaly. – Science 324, S. 78.

UBA (Umweltbundesamt) (Hrsg.) (2024): Carbon Capture and Storage. – https://www.umweltbundesamt.de/themen/wasser/gewaesser/grundwasser/nutzungsbelastungen/carbon-capture-storage.

UNDP (United Nations Development Programme) (Hrsg.) (2024): Breaking the gridlock: Reimagining cooperation in a polarized world. – Human Development Report 2023–24, New York.

UNESCO World Heritage Convention (2025): The Icelandic Turf House Tradition. – https://whc.unesco.org/en/tentativelists/5589.

Urban, K. (2016): Vulkaninsel Surtsey. Neues Ökosystem auf toter Lava. – https://www.deutschlandfunk.de/vulkaninsel-surtsey-neues-oekosystem-auf-toter-lava-100.html.

Urban, K. (2017): Energie aus der Hölle. Island spielt mit Magma. – https://www.deutschlandfunk.de/energie-aus-der-hoelle-island-spielt-mit-magma-100.html.

UST (Umhverfisstofnun Íslands) (2025a): Driving in uninhabitated areas. – https://ust.is/english/visiting-iceland/travel-information/driving-in-uninhabited-areas/.

UST (Umhverfisstofnun Íslands) (2025b): Friðlýst svæði. – https://ust.is/nattura/natturuverndarsvaedi/fridlyst-svaedi.

UST (Umhverfisstofnun Íslands) (2025): Icelandic Environment and Energy Agency and Nature Conservation Agency of Iceland established. – https://ust.is/english/the-agency/news/newsitem/2025/01/02/Icelandic-Environment-and-Energy-Agency-and-Nature-Conservation-Agency-of-Iceland-established.

Valsson, T. (1986): Reykjavík – Vaxtarbroddur. Þróun höfuðborgar. – Fjölva, Reykjavík, 144 S.

Valsson, T. (2004): Planning in Iceland. From the settlement to present times. – Iceland University Press, Reykjavík, 480 S.

Vatnajökulsþjóðgarður (2025a): Rules for the use of drones for recreational purposes. – https://www.vatnajokulsthjodgardur.is/en/thenationalpark/drone-rules.

Vatnajökulsþjóðgarður (2025b): What is Vatnajökull National Park? – https://www.vatnajokulsthjodgardur.is/en.

Venzke, J.-F. (1982a): Zur Biotop- und Vegetationsentwicklung auf isländischen Lavafeldern. – Essener Geographische Arbeiten 1, Paderborn, S. 29–61.

Venzke, J.-F. (1982b): Geoökologische Charakteristik der wüstenhaften Gebiete Islands. – Essener Geographische Arbeiten 3, Paderborn, 206 S.

Venzke, J.-F. (1984): Desertifikationsbedingende geodynamische Prozesse und daraus resultierende Raumstrukturen in Island. – Verhandlungen des Deutschen Geographentages 1983 in Münster, Bd. 44, Stuttgart, S. 328–337.

Venzke, J.-F. (1986a): Walfang in isländischen Gewässern. – NORDEN 3, Schriftenreihe des Arbeitskreises ‚Norden' (‚Themen zur Wirtschaftsgeographie Nordeuropas'), Bochum, S. 107–135 [erschienen 1987].

Venzke, J.-F. (1986b): Zur Intensität und Variabilität der Vegetationsperiode auf Island. – Polarforschung 56 (1/2), Münster, S. 79–92; [erschienen 1987]v

Venzke, J.-F. (1987): On the ecology and plant-sociology of ‚melur'-vegetation in Iceland. – Acta Botanica Islandica 9, S. 3–18.

Venzke, J.-F. (2008): How many years can a mountain exist before it is washed to the sea? Endogene und exogene Prozesse gestalten das Bild der Erde. – Praxis Geographie 38 (5), S. 4–7.

Venzke, J.-F. (2014): Warum verschwand die wikingische Kultur auf Grönland? Fakten, Fragen und Vermutungen zu einem umwelthistorischen Problem. – Ber. Naturwissenschaftl. Verein Bremen 47 (2), Bremen, S. 345–354.

Venzke, J.-F. (2015): Holozäne und aktuelle Gletscherdynamik im subarktischen und vulkanischen Milieu Islands. – ‚Warnsignale Klima: Das Eis der Erde', Wissenschaftliche Fakten, Kap. 4.3, Wissenschaftliche Auswertungen, Hamburg, S. 119–122.

Vésteinsson, O. (2000): The Archaeology of *Landnám*: Early Settlement in Iceland. – In: Fitzhugh, W. W. & Ward, E. I. (Hrsg.): ‚Vikings. The North Atlantic Saga', Smithsonian Institution, Washington (D.C.), S. 164–174.
Vollmer, M., Dilling, O., Dümke, C. & Buchsteiner, D. (2021): Energiewende weltweit: Ökostrom und CO_2-Bindung auf Island. – https://recht-energisch.de/2021/01/27/energiewende-weltweit-oekostrom-und-co2-bindung-auf-island/.
Wallace, B. L. (2000): The Viking Settlement at L'Anse aux Meadows. – In: Fitzhugh, W. W. & Ward, E. I. (Hrsg.): ‚Vikings. The North Atlantic Saga', Smithsonian Institution, Washington (D.C.), S. 208–217.
Walter, A. (2011): Wo Elfen noch helfen. Warum man Island einfach lieben muss. – Diederichs Verlag, München, 205 S.
Wasowicz, P. (2020): Annotated checklist of vascular plants of Iceland. – Fjölrit Náttúrufræðistofnunar, nr. 57, Náttúrufræðistofnun Íslands, Garðabær, https://doi.org/10.33112/1027-832X.57.
Wasowicz, P., Przedpelska-Wasowicz E.-M & Kristinsson, H. (2013): Alien vascular plants in Iceland: Diversity, spatial patterns, temporal trends, and the impact of climate change. – Flora – Morphology, Distribution, Functional Ecology of Plants, 208 (10–12), S. 648–673, https://doi.org/10.1016/j.flora.2013.09.009.
Wasowicz, P., Óskarsdóttir, G. & Þórhallsdóttir, Þ. E. (2025): Lodgepole pine (*Pinus contorta* Douglas ex Loudon) invasion in subarctic Iceland: evidence from a long-term study. – NeoBiota 97, 47–66, https://doi.org/10.3897/neobiota.97.134047].
Whitaker, I. (1984): Whaling in Classical Iceland. – Polar Record 22, S. 249–261.
Wildhagen, J. (2018): Neue Steuer? Island will mit Touristen Kasse machen. – Reise reporter, 5. 6. 2018, https://www.reisereporter.de/reisenews/destination/neu-touristensteuer-island-will-mit-massentourismus-kasse.machen-77EUHBLXMZPIITVIAC5VFT4AO.html.
Willeke, S. (2024): Ist der Lachs noch zu retten? – DIE ZEIT, No. 41 (26. 9. 2024), S. 27–28.
Willhardt, J. (2000): Island. Von der Scheußlichkeit zum Schauspiel – Bilder und Topoi in deutschen Reiseberichten. – Grenzüberschreitungen. Studien zur europäischen Reiseliteratur, Band 10, Wissenschaftlicher Verlag Trier, 170 S.
Würsch, M., Carle, N. & Hunziker, M. (2013): Bodendegradation und entgegenwirkende Maßnahmen in Island. – Regio Basiliensis (Beiträge der Basler Forschung) 54 (1), S. 11–18.
ZEIT ONLINE (Hrsg.) (2019): Island erklärt erstmals einen Gletscher für tot. – https://www.zeit.de/wissen/umwelt/2019-08/okjoekull-gletscher-island-beerdigung-klimawandel.
Þórarinsson, S. (1944): Tefrokronologiska studier på Island. – Geografiska Annaler 26 A, S. 1–127.
Þórarinsson, S. (1959): Der Öraefajökull und die Landschaft Öraefi. Die Entwicklung einer isländischen Siedlung im Kampf gegen die Naturgewalten. – Erdkunde 13 (2), S. 124–138.
Þórsson, G. Þ. (2024): Big projects – small communities. The case of Finnafjörður, Iceland. – University of Stockholm, Department of Human Geography, Master Thesis, Stockholm, 51 S.
www.greenpeace.de/biodiversitaet/meere/fischerei/info-walfang-islandv
www.iceland.de/landeskunde/energie-wasserkraft-und-geothermie/erdwaerme/geothermalkraftwerk/hellisheidi.
www.iceland.de/landeskunde/energie-wasserkraft-und-geothermie/erdwaerme/geothermalkraftwerk/krafla.
www.iceland.de/virtuelle-islandreise/reykjavik/das-heizungssystem.
www.iceland.de/landeskunde/wirtschaft-und-soziales/fischereiwirtschaft.
www.landvirkjun.com/powerstations/burfell.
www.landvurkjun.com/powerstations/blondustod.

If you have any concerns about our products,
you can contact us on
ProductSafety@springernature.com

In case Publisher is established outside the EU,
the EU authorized representative is:
**Springer Nature Customer Service Center GmbH
Europaplatz 3, 69115 Heidelberg, Germany**

Printed by Libri Plureos GmbH
in Hamburg, Germany